RAPPORT

SUR

LES CONGRÈS ET L'EXPOSITION ORNITHOLOGIQUES

DE VIENNE, EN 1884,

PAR

M. E. OUSTALET,

DOCTEUR ÈS-SCIENCES, AIDE-NATURALISTE AU MUSÉUM,
DÉLÉGUÉ DU MINISTÈRE DE L'AGRICULTURE.

(Extrait du Bulletin de l'Agriculture.)

PARIS.

IMPRIMERIE NATIONALE.

M DCCC LXXXV.

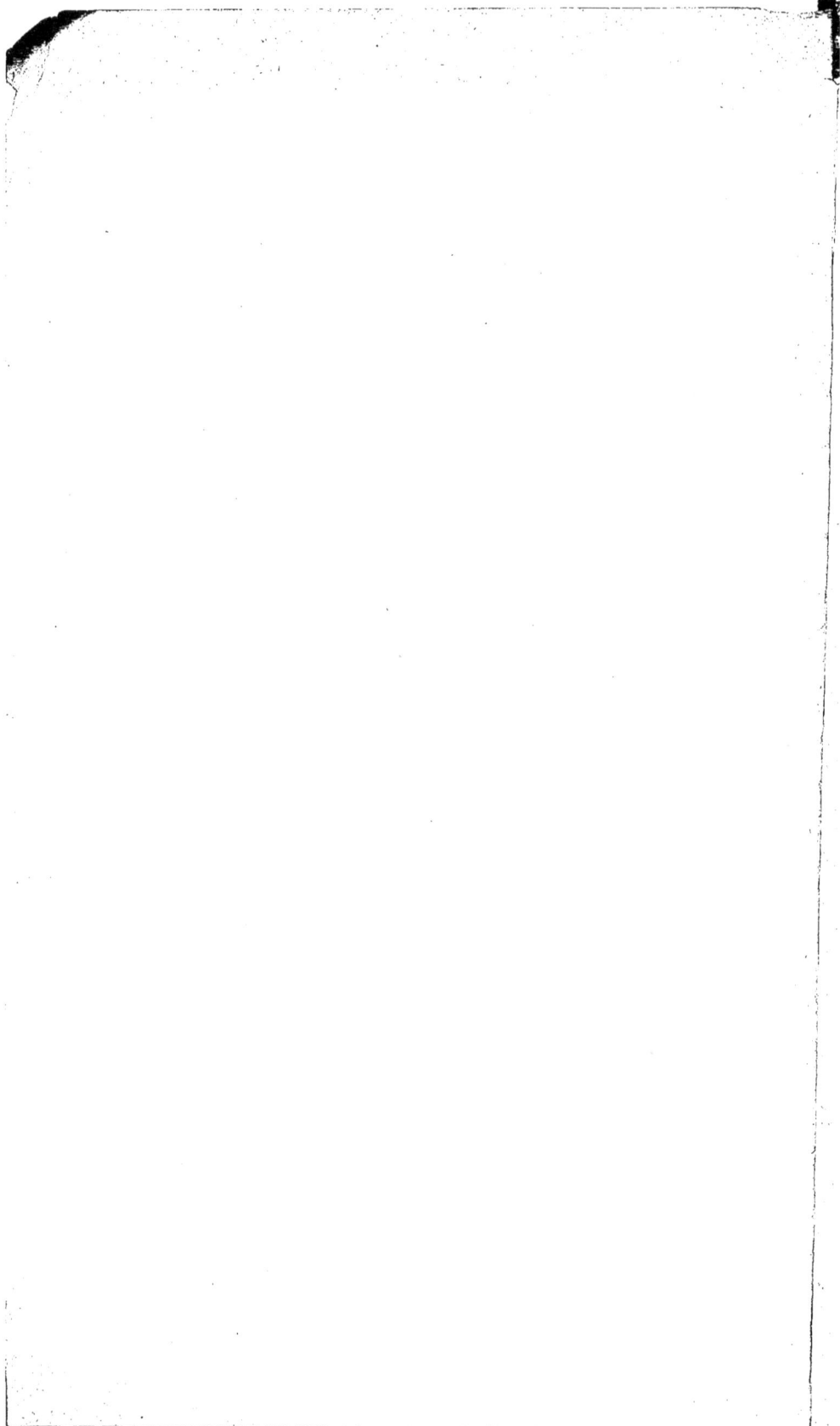

RAPPORT

SUR

LE CONGRÈS ET L'EXPOSITION ORNITHOLOGIQUES DE VIENNE

EN 1884.

MONSIEUR LE MINISTRE,

Le Gouvernement de la République française ayant été averti officiellement qu'un Congrès ornithologique international s'ouvrirait à Vienne le 7 avril 1884 et s'occuperait de diverses questions intéressant l'agriculture, vous avez décidé que votre Département serait représenté dans cette assemblée, et vous m'avez fait l'honneur de me confier la mission de prendre part aux délibérations du Congrès et de vous adresser un rapport sur l'ensemble de ses travaux.

Suivant votre désir, je vais donc m'efforcer de résumer le plus clairement et le plus succinctement possible les discussions auxquelles je me suis trouvé mêlé, et les décisions qui ont été prises, en insistant particulièrement sur les mesures proposées pour assurer la protection des oiseaux et pour perfectionner l'élevage des volailles. Ces questions sont en effet, je ne l'ignore pas, Monsieur le Ministre, l'objet de votre vive sollicitude, et la première surtout a pris dans ces derniers temps une importance que tous les Gouvernements sont unanimes à reconnaître.

Dans un rapport adressé à M. le Ministre de l'instruction publique, qui avait bien voulu me choisir également comme délégué de son Département, je m'occupe en revanche plus spécialement de deux autres questions qui ont été traitées au Congrès, je veux parler de l'origine de la poule domestique et de l'établissement d'un réseau de stations destinées à des observations sur les oiseaux de passage. Mais comme l'histoire des animaux domestiques est certainement du domaine de l'agriculture; comme la connaissance du type primitif de la Poule peut seule faire apprécier l'étendue des variations dont cette espèce est susceptible; comme enfin les stations ornithologiques seront forcément en rapport avec les stations agronomiques et leur fourniront d'utiles renseignements, il me paraît impossible de passer ici complètement sous silence les deux points auxquels je faisais allusion; enfin je vous demanderai la permission, Monsieur le Ministre, de vous présenter également quelques observations que j'ai pu faire, en dehors des séances du Congrès, en visitant l'exposition installée dans le palais de la Société horticole sur le boulevard du Parc (*Parkring*), n° 12, par les soins de l'Union ornithologique de Vienne.

Fondée il y a quelques années sous le protectorat de S. A. I. et R. l'archiduc Rodolphe, qui porte aux questions ornithologiques un intérêt tout particulier, cette Société s'est proposé pour but d'encourager l'élevage des oiseaux de basse-cour et d'agrément, d'assurer la protection des espèces utiles et de répandre dans le public des notions d'histoire naturelle et principalement la connaissance des oiseaux indigènes ou exotiques. Elle compte actuellement plus de 230 membres ordinaires ou correspondants et a pour président d'honneur M. le marquis de Bellegarde, grand chasseur et éleveur distingué, pour président effectif M. Bachofen d'Echt, pour vice-présidents M. le docteur J.-J. de Tchudi et M. Auguste de Pelzeln, un des savants conservateurs du Musée de Vienne, et pour secrétaire M. le docteur G. de Hayek, ancien officier de marine et actuellement conseiller de gouvernement. Enfin elle publie un recueil mensuel, les *Mittheilungen des Ornithologischen Vereines in Wien*, et organise des expositions dont le cadre est sensiblement plus large que celui de nos exhibitions annuelles du Palais de l'Industrie. On y trouve en effet non seulement des volailles, mais des espèces d'agrément, et l'on y voit figurer à côté d'oiseaux vivants des oiseaux montés ou réduits à l'état de dépouilles, ainsi que des livres d'ornithologie ou d'agriculture, des pièges pour les oiseaux nuisibles, des modèles de volières, des nids artificiels, etc.

L'Exposition, qui avait ouvert ses portes le 4 avril 1884 et qui devait se fermer le 14 du même mois, était plus complète encore que les précédentes. J'y ai remarqué particulièrement de magnifiques coqs et poules Phénix du Japon, exposés par M. Hugo du Roi, conseiller de commerce à Brunswick, et par Mme la baronne Hélène d'Ulm-Ermbach. La race *Phénix* est originaire du Japon et se distingue par l'énorme développement de sa queue, ou pour parler plus exactement des plumes correspondant aux *faucilles*. Un individu de cette espèce, particulièrement remarquable à cet égard, se trouve, paraît-il, au Musée de Tokio et a été figuré avec sa poule par un artiste japonais dans un tableau accompagné de l'inscription suivante :

«Ceci est le portrait scrupuleusement fait, d'après nature, d'un couple de volailles *Chou-vi-Kei* (littéralement coq à longue queue) élevé par leur propriétaire Parahai Shimanouchi, de Kouchi en Tosa. Le coq a une longue queue tombante composée d'environ vingt plumes d'à peu près un demi pouce de largeur, dont la plus longue mesure 13 pieds et demi de longueur. Cette race de volaille extrêmement remarquable, qui, parmi les nombreuses variétés élevées au Japon, a la queue la plus longue, est encore peu connue; elle est originaire de la province de Tosa, sur l'île de Sihohu, et est aussi connue sous les noms de *Schinowaraton* ou de *Kurosassa-Oski*. Il y a une soixantaine d'années, l'élevage de cette remarquable volaille était universellement pratiqué à Tosa, et depuis on s'en est servi pour divers croisements.»

Cette notice a été reproduite, ainsi que la figure japonaise, par la baronne d'Ulm-Ermbach, dans un article publié par le journal *Chasse et Pêche* paraissant à Bruxelles, et le même auteur a donné en même temps une planche représentant un coq Phénix, qui vit chez Mme Bodinus, née d'Hoffschmidt, à Uccle-lès-Bruxelles, et qui, sans avoir des faucilles aussi longues, présente néanmoins une physionomie extraordinaire.

Dans un livre publié en 1859, M. H. Mischimura parle également de cette espèce, qu'il nomme *Saganami*, et dont il existe probablement, dit-il, plusieurs variétés, obtenues par divers croisements et offrant des teintes blanches, dorées ou argentées. Enfin le voyageur Robert Fortune paraît avoir vu aussi le coq Phénix pendant son séjour à Yokohama; mais c'est seulement en 1879 que cette magnifique race fut introduite en Europe par les soins de M. Wichman, de Hambourg. Peu d'années après, en 1882, elle parut au Jardin zoologique d'acclimatation du Bois de Boulogne, où elle excita l'admiration des visiteurs. Parmi les spécimens conservés dans cet établissement, et dont les uns avaient été envoyés de Tokio par M. Antoine Conte, alors premier secrétaire de l'ambassade de France, tandis que les autres avaient été cédés par Mme Bodinus, M. La Perre de Roo a signalé, en 1883, dans le journal *l'Acclimatation*, diverses modifications de plumage qui correspondent sans doute aux races créées au Japon et mentionnées par M. Mischimura; ainsi chez quelques individus la livrée était entièrement blanche, tandis qu'elle présentait chez d'autres individus une teinte cendrée, tigrée de gris foncé et de roussâtre, et rappelant la livrée de la poule Dorking. Des particularités analogues peuvent être constatées sur d'autres individus que le Jardin d'acclimatation possède en ce moment.

Diverses variétés intéressantes, résultant de croisements avec des poules de combat ou des poules de Yokohama, ont été aussi obtenues en Allemagne, où la race Phénix pure s'est propagée dans ces dernières années, grâce à MM. Hugo du Roi et à Mme d'Ulm-Ermbach. Les volailles exposées par ces amateurs réunissaient tous les suffrages, et celles de M. du Roi eussent sans aucun doute été l'objet d'une récompense, comme celles de la baronne d'Ulm-Ermbach, si leur possesseur, à titre de membre du jury, n'avait été placé hors concours.

Un prix d'honneur a été décerné à M. S. Heymann pour une belle paire de Langshans, et d'autres prix ont été obtenus par Mme Mathilde de Westersheim, par M. J. Katzwendel et par le comte de Saint-Genois pour des volailles de même race. Ces volailles, en effet, méritaient d'être particulièrement signalées à l'attention des éleveurs de l'Autriche et de l'Allemagne, qui n'ont pas d'abord apprécié la race Langshan à sa juste valeur et qui l'ont parfois considérée comme une variété noire de la race cochinchinoise. Or, celle-ci n'ayant pas donné tout ce qu'on en attendait sous le rapport de la production des œufs et ayant perdu quelque peu de la faveur dont elle jouissait primitivement, les Langshans devaient nécessairement, par suite de la confusion que je viens d'indiquer, être tenues en médiocre estime. Il n'en a pas été de même toutefois dans d'autres contrées de l'Europe; et, en Angleterre, où ces magnifiques volailles ont été introduites en 1872 par le major Croad, comme en France, où elles ont été élevées pour la première fois au Jardin d'acclimatation en 1876, les poules Langshans ont été immédiatement très recherchées. Ces poules, en effet, qui sont maintenant répandues dans plusieurs provinces du Céleste-Empire, n'existaient primitivement que dans la Tartarie chinoise, et doivent à cette origine septentrionale la faculté précieuse de supporter sans inconvénients un climat rigoureux, et de donner des œufs surtout en hiver, alors que les autres poules se reposent. C'est ainsi que, d'après un journal de Stettin (*Zeitschrift für Ornithologie und practische Geflügelzucht*, 1884, n° 4), des Langshans ont pu être laissées en liberté par les plus grands froids dans le Siebenburgen; elles semblaient même prendre plaisir à se rouler dans la neige; elles ne cessèrent point de pondre, malgré la rigueur de la température. Il résulte aussi des observations de M. J. Völlschau (*Illustrirtes Hühnerbuch*) que les femelles de cette race prennent le plus grand soin de leurs œufs et de leurs poussins, et qu'elles ne les écrasent jamais comme le font parfois les poules des races cochinchinoise et Brahmaputra. Sur 200 poussins qu'il a obtenus dans l'espace de deux années, il n'en a perdu aucun, et les poules lui ont fourni en un an 152 œufs. On a constaté d'autre part que ces œufs renferment, relativement à leur grosseur, un jaune plus volumineux et ont un goût plus délicat que ceux de nos poules de ferme; enfin, de l'avis de tous les connaisseurs, la chair des Langshans est très délicate, très blanche et très abondante, par suite du grand développement des pectoraux.

Ces qualités justifient pleinement les distinctions qui ont été accordées à ces volailles dans tous les concours et les éloges que leur décerne M. La Perre de Roo dans sa *Monographie des races de poules*. L'auteur anonyme d'un article inséré dans le *Zeitschrift für Ornithologie und practische Geflügelzucht* conseille même aux éleveurs allemands de se servir des Langshans pour améliorer les volailles indigènes. Peut-être nos éleveurs pourraient-ils aussi profiter de ce conseil. En tout cas, ils auraient grand intérêt à propager ces volailles si rustiques et si fécondes, dont M. La Perre de Roo a publié d'excellentes descriptions, accompagnées de figures très exactes, et qui ont fait également le sujet de différents traités et mémoires anglais ou allemands. (*The Langshan controversy*, par A.-C. Croad de Manor House, Durrington, Worthing, Angleterre; *The Langshan farm*, article inséré dans l'*Agricultural Gazette*; *Das Langshanhuhn*, par M. S. Heymau de Hambourg, librairie J. F. Richter, etc.)

La race cochinchinoise et la race Brahmaputra figuraient à côté des Langshans dans la catégorie des poules d'origine asiatique : la première race était représentée par les variétés fauve clair, fauve foncé, noire et perdrix; la seconde par les variétés claire et foncée, et, entre tous les spécimens exposés, le jury a distingué particulièrement un coq et deux poules cochinchinois à plumage fauve foncé (*Dunkelgelb* ou *Cinnamon Cochins*) appartenant à la princesse de Teck (de Schweizerhof, Reinthal, Styrie) et des Brahmaputras à plumage foncé appartenant au comte de Saint-Genois (de Baden, près Vienne). Le marquis de Bellegarde avait fait venir de son château de Klingenstein, près Gratz, de jolis Bantams nains de combat, de la variété rouge à plastron brun (*Brown breasted red game*), et Mᵐᵉ la comtesse de Bellegarde avait exposé des oiseaux de la même race, mais d'une autre variété, à poitrine noire (*Black breasted game*), tandis que Mᵐᵉ la baronne d'Ulm-Ermbach (château d'Ermbach, près d'Ulm en Wurtemberg) avait envoyé des Bantams noirs et blancs issus de couples importés directement du Japon. Parmi les poules à pattes nues, on remarquait une belle paire de *Plymouth-Rocks* appartenant à M. S. Heymann et jugées dignes d'un premier prix, et, parmi les poules huppées, des coqs et poules de Bréda et de la Flèche à plumage noir, provenant des basses-cours du baron de Washington (au château de Pöls, en Styrie), des coqs et poules de Crèvecœur noirs à Mᵐᵉ Caroline Stern, de Vienne, des coqs et poules de Houdan au comte de Saint-Genois; mais les volailles de ces dernières catégories étaient loin d'être aussi nombreuses qu'à la dernière exposition de volailles tenue à Paris au Palais de l'Industrie (1884). Je ferai la même observation pour les races Dorking et espagnole, et je doute qu'il y eût à Vienne des spécimens comparables, sous le rapport de la beauté, aux magnifiques coqs de MM. Lemoine (de Crosnes), Voisin, Loyau et Farcy. En revanche, j'ai examiné avec beaucoup d'intérêt les produits que M. le conseiller de commerce Hugo du Roi (de Brunswick) a obtenus en croisant, d'une part, la poule de Bantam avec le coq de Sonnerat (*Gallus Sonnerati*), d'autre part, la poule Phénix avec le coq bronzé (*Gallus æneus*). J'ai aussi remarqué toute une série de bâtards nés dans la basse-cour du château de Pöls, chez M. le baron de Washington, et provenant de l'union du faisan doré (*Thaumalea picta*) avec une pintade vulgaire (*Numida meleagris*), du faisan doré avec une poule Bantam dorée, et de bâtards de faisans dorés et de Bantams avec des Bantams de diverses variétés. A propos de ces hybrides, qui ont valu un premier prix à M. de Washington, je rappellerai que la ménagerie du Muséum d'histoire naturelle de Paris a possédé à diverses reprises des *Coquards* issus du croisement du coq de ferme avec le faisan vulgaire, et qu'elle avait même autrefois un bâtard de coq et de pintade.

Les canards étaient en petit nombre à l'Exposition de Vienne; mais parmi ces palmipèdes il y avait de beaux exemplaires des races de Pékin et de Rouen appartenant à M. Max Liepsch, de Plauen, près Dresde, éleveur distingué dont le jury à récompensé les efforts par un diplôme d'honneur.

Quant aux oies, aux dindons, aux paons et aux pintades, c'est à peine si j'en ai vu quelques spécimens.

Au contraire, la série des pigeons était extrêmement considérable et des plus variées : à côté des pigeons de Luxembourg et de Nuremberg, des pigeons-bouvreuils, des pigeons-tambours, des pigeons frisés, des pigeons à crinière, des pigeons-paons, des pigeons culbutants, des pigeons boulants, des pigeons messagers, des pigeons romains, des pigeons de Montauban, des pigeons turcs et des pigeons bagadais, en un mot à côté des représentants de la plupart des races domestiques actuellement connues, se trouvaient quelques pigeons sauvages de Bornéo, de l'Inde, de la Chine méridionale et du Brésil qui avaient été rapportés par M. J. Traugott Binder, médecin de marine attaché à la Compagnie Lloyd, à Trieste, et qui ont valu à l'exposant une médaille d'argent. D'autres récompenses semblables ont été décernées au Comité militaire technique et administratif pour une collection de pigeons voyageurs, provenant des postes de Komorn, de Vienne et de Cracovie, à M. Polvleet, directeur des postes à Hellevoetsluis, près Rotterdam (Hollande), à M. Hugo du Roi, à M. W. Kipp, de Celle (Hanovre), à M. Antoine Dauber, à M. J. Kubelka, de Vienne, et à M. J. Œsterreicher, d'Alt-Erlaa, qui a reçu également un diplôme d'honneur de l'Union ornithologique pour un lot de pigeons culbutants.

Enfin, pour terminer ce qui est relatif à cette partie de l'Exposition, je dois mentionner qu'à plusieurs reprises des lancers de pigeons voyageurs ont eu lieu à Vienne du 8 au 13 avril. Les oiseaux appartenaient, les uns à un peintre d'animaux de Munich, M. J. Maurer, d'autres au Comité militaire autrichien, d'autres enfin à M. Franz Leichner, de Mährisch-Schönberg. Ces derniers étaient de race belge; ils parcoururent en quatre heures la distance qui les séparait de leur pigeonnier et qui était de 200 kilomètres environ, quoique le temps fût mauvais et que le vent soufflât presque en tempête. Déjà, dans les années précédentes, quelques-uns de ces mêmes pigeons avaient effectué le même trajet en trois heures douze minutes.

Des parquets disposés avec beaucoup de goût sur le pourtour des salles voisines renfermaient des oiseaux vivants de la catégorie du gibier à plumes, des oiseaux de volière et des oiseaux d'agrément, provenant pour la plupart de la ménagerie de Schönbrünn, tandis que dans des vitrines se trouvaient de nombreux spécimens d'oiseaux montés ou en peau, des nids et des œufs sur lesquels je n'ai pas à insister ici. Je me contenterai de dire qu'une de ces collections, formée d'oiseaux du Caucase, avait été donnée à l'Union ornithologique par S. A. I. et R. l'archiduc Rodolphe, qu'une autre se composait de spécimens recueillis par le docteur Finsch en Océanie, qu'une troisième comprenait des oiseaux d'Amérique rapportés par M. de Günzburg, tandis que d'autres séries comprenaient exclusivement des représentants de la faune européenne. Parmi les oiseaux indigènes, on remarquait surtout un groupe d'aigles fauves appartenant au comte Vladimir Dzieduszycki, de Lemberg, et des passereaux, des gallinacés à plumage anormal exposés soit par le musée d'Agram, dont le directeur M. S. Brusina était présent au Congrès, soit par M. Hencke, par M. Schier et par M. le docteur Meyer, directeur du musée de Dresde. Quelques-uns de ces gallinacés à livrée aberrante étaient des poules faisanes ou des femelles de tétras birkhan (petit coq de bruyère) ayant revêtu en partie le plumage des mâles, par suite d'une modification sur laquelle M. Hencke, M. Bogdanow et M. V. Fatio ont récemment appelé l'attention et que nos chasseurs français doivent avoir aussi l'occasion de constater.

Un des succès de l'Exposition était une sorte de tableau vivant représentant un fauconnier du moyen âge entouré de tous les objets nécessaires à l'exercice de son art et placé dans un décor dont le célèbre peintre Mackart avait donné le croquis. Les armes, les étoffes, les chaperons, les entraves avec leurs grelots étaient parfaitement authentiques et provenaient de la collection de M. le comte Hans Wilczeck, et il ne manquait à cette exhibition que quelques gerfauts, laniers et alphanets vivants et bien dressés. Dans une autre salle, les spécimens rapportés de la terre Jean-Mayer par le docteur Fischer, médecin attaché à l'expédition polaire autrichienne, avaient été groupés de manière à donner une idée de la faune ornithologique des régions boréales.

Enfin, au premier étage du local affecté à l'Exposition, une vaste pièce était exclusivement consacrée à la littérature ornithologique. Là se trouvaient réunis une foule d'ouvrages didactiques, de livres populaires ou de mémoires exposés par leurs auteurs ou éditeurs et rédigés presque tous en langue anglaise, en langue allemande ou en langue italienne. Laissant de côté les travaux purement scientifiques pour m'occuper exclusivement de ceux qui ont un côté pratique, je citerai, parmi les ouvrages italiens, une petite brochure destinée aux écoles primaires et rédigée par M. Andritto Gio Batista, de Turin, intitulée : *Petit catéchisme pour la conservation et la protection des oiseaux* (*Piccolo catechismo per la conservazione e per la protezione degli uccelli, con racconti e note, ad uso delle scuole elementari e per l'instruzione del publico*, 1884, Turino, tipografia Fodratti). Ce titre indique suffisamment le but que l'auteur s'est proposé et qui est sensiblement le même que celui que M. Lebet, de Lausanne, M. Émile Lefèvre, de Paris, et M. Lescuyer, de Saint-Dizier, ont eu en vue : le premier, en publiant une édition populaire des *Oiseaux dans la nature* de M. Paul Robert; le second, en s'efforçant de montrer que *Tous les oiseaux sont utiles*; le troisième enfin, en insérant soit dans les *Mémoires de la Société des lettres, des sciences, des arts et de l'agriculture et de l'industrie de Saint-Dizier*, soit dans les *Mémoires de l'Académie de Reims*, divers travaux justement estimés.

L'édition populaire des *Oiseaux dans la nature* de M. Paul Robert ne figurait pas à l'Exposition ornithologique de Vienne, mais M. V. Fatio en a présenté un exemplaire au Congrès et a fait ressortir les avantages de cette publication, dont le prix est relativement très modique et qui donne les figures en couleur de quarante-huit espèces d'oiseaux utiles qui se trouvent dans nos contrées. Ces planches ont pour complément une petite brochure intitulée *Les amis de l'agriculture* et renfermant des considérations générales et la description d'une cinquantaine d'espèces auxiliaires. Cette brochure pourrait servir de modèle pour la rédaction d'une sorte de *Manuel ornithologique* qui serait aussi utile aux agriculteurs qu'aux instituteurs des campagnes, en leur fournissant quelques notions claires et précises sur les formes extérieures, les mœurs et le régime des oiseaux de la France. Mais, pour qu'un semblable travail rendît de véritables services, il faudrait qu'il fût accompagné de figures explicatives, représentant au moins les types principaux, et qu'il se présentât sous une forme moins aride que la plupart des livres consacrés jusqu'ici à l'ornithologie de notre pays. Il faudrait aussi que l'auteur ne se bornât pas à examiner une certaine catégorie d'oiseaux, mais qu'il passât en revue la majorité des oiseaux qui peuplent nos campagnes; il faudrait surtout qu'il n'essayât pas d'établir entre les espèces utiles et les espèces nuisibles une distinction trop nette et plus tranchée que celle qui existe en réalité. En tous cas, l'auteur pourrait s'inspirer des considérations que M. Lescuyer a exprimées dans son *Mémoire sur les oiseaux de passage et tendues* (1876), qui a été honoré d'une souscription de votre Département, Monsieur le Ministre, et dans son *Étude élémentaire de l'oiseau* (1884), qui est également destinée aussi bien aux écoles d'agriculture qu'aux cours d'adultes et aux écoles primaires. En faisant ressortir les résultats déplorables qu'ont pour l'agriculture les captures en masse telles qu'elles se pratiquent sans doute encore sur divers points de la France, en mettant en lumière le rôle des oiseaux comme *éliminateurs*, soit des insectes nuisibles, soit des plantes parasites, M. Lescuyer a traité précisément une des questions qui étaient inscrites au programme du Congrès. J'aurais donc vivement désiré voir figurer à l'Exposition de Vienne les travaux de M. Lescuyer à côté des ouvrages et recueils périodiques allemands consacrés à la question de l'utilité des oiseaux et de leur protection. Parmi ces ouvrages étrangers, exposés par le libraire Wallishausser, j'ai remarqué surtout le *Journal de l'Union pour la protection des oiseaux de la province de Salzbourg (Jahresbericht des Vereines für Vögelkunde und Vögelschutz in Salzburg)*, années 1876-1883; le *Bulletin de l'Union allemande pour la protection des oiseaux (Monatsschrift des deutschen Vereines zum Schutze der Vogelwelt)*, années 1881-1883, rédigé par M. Thienemann; la nouvelle édition des travaux du docteur L.-C.-W. Gloger (*Vogelschutzschriften*), par les docteurs C. Russ et Bruno Dürigen; *La question de la protection des oiseaux (Die Vogelschutzfrage)*, par le professeur Bernard Borggreve; une brochure sur le même sujet (*Die Frage des Vogelschutzes*), par M. George de Frauenfeld, et une autre (*Zum Vogelschutz*), par le docteur Russ. Enfin je ne dois pas oublier de mentionner un cahier manuscrit envoyé par un instituteur de Vogelsheim, district de Colmar (Haute-Alsace) et renfermant les statuts d'une association de jeunes gens pour la protection des oiseaux et les résultats déjà obtenus par cette société. Les associations de ce genre sont très nombreuses en Allemagne, et il serait à désirer qu'il s'en constituât de semblables sur divers points de notre territoire, afin de seconder les efforts de la Société protectrice des animaux. Ces associations toutefois auraient besoin d'être rattachées à des sociétés scientifiques pour en recevoir les conseils et la direction qui leur sont absolument nécessaires. Autrement, comme le fait observer M. de la Sicotière dans son *Rapport au Sénat* (p. 60) "il est permis de penser que beaucoup de nids d'oiseaux utiles seront détruits avec ceux des oiseaux nuisibles, par l'ignorance ou la précipitation des jeunes chasseurs. Cette destruction de nids, souvent placés au sommet des grands arbres, et tels sont ceux de beaucoup d'oiseaux nuisibles, ne sera pas toujours sans danger. Elle encouragera *l'école buissonnière*, ennemie traditionnelle de l'école véritable. Il arrivera même que le zèle des surveillants tournera souvent au détriment du nid qu'ils voudraient sauver. Qui ne sait la *susceptibilité* de beaucoup d'espèces d'oiseaux et la facilité extrême avec laquelle ils abandonnent leurs œufs et même, quoique plus rarement, leurs petits, quand ils sont trop souvent visités?"

L'Exposition ornithologique de Vienne était particulièrement riche en traités et manuels ayant pour objet l'élevage des oiseaux de basse-cour. Dans cette catégorie d'ouvrages, je citerai en première ligne deux beaux livres illustrés de M. A. Baldamus : le *Manuel illustré de l'éleveur de volailles (Illustrirtes Handbuch der Federviehzucht)*, qui comprend deux volumes consacrés, l'un aux poules, oies et canards, l'autre aux pigeons et aux oiseaux d'agrément, et *La volaille domestique* (*Das Hausgeflügel*), qui renferme la description de toutes les races connues et l'indication des soins à leur donner. Je mentionnerai également *Le livre illustré des poules* (*Illustrirtes Hühnerbuch*) de M. J. Völschau, *Les Poules* (*Die Hühner*) de M. C.-St. Einert, *Les espèces et races de poules* (*Die Arten und Racen der Hühner*) du docteur L.-J. Fitzinger, *La basse-cour* (*Der Hühner- oder Geflügelhof*) de M. OEttel Robert, *Le livre des poules* (*Das Hühnerbuch*) de M. J.-F.-W. Wegener, *Le Dindon* (*Das Truthuhn*) de M. J.-H. Schuster, *L'élevage des faisans* (*Die Fasanenzucht*) de M. A. Goedde, *Le Pigeon voyageur* (*Die Brieftaube*) de M. Paul Schomann-Rostock, *Le Pigeon voyageur*, le *Manuel de l'éleveur, du marchand et de l'amateur d'oiseaux* (*Handbuch für Vogelliebhaber, Züchter und Händler*) et *Le Monde emplumé* (*Die gefiederte Welt*) du docteur Russ, et le journal *Pfälzische Geflügelzeitung*, organe d'un grand nombre d'éleveurs. Une foule de petits volumes, dus à la plume du docteur Russ, de M. Carl Ritsert, de M. F. de Klecberger, de M. J. Schuster, de M. Ph.-L. Martin, du docteur Brehm, étaient consacrés aux oiseaux de volière, tandis que des ouvrages plus sérieux et des collections de recueils périodiques anglais, allemands ou italiens témoignaient de la faveur dont jouit actuellement, chez nos voisins, la science ornithologique; mais, chose curieuse, les ouvrages relatifs à la chasse et particulièrement à la chasse du gibier à plumes faisaient au contraire presque entièrement défaut. Je ne trouve en effet à indiquer que la *Monographie de la perdrix* (*Das Rebhuhn*) du baron C.-E. de Thüngen, *Trois mémoires sur la fauconnerie* (*Falknerei*) par M. Hammer-Purgstall, et le *Gros gibier à plumes* (*Hohes Federwild*) par le docteur K. Löffler.

La France n'avait envoyé à l'Exposition de Vienne qu'une dizaine de brochures et de photographies, parmi lesquelles je citerai une liste synonymique de noms d'animaux, une *Notice sur l'élevage des jeunes faisans* et trois *Notices sur l'éducation de mammifères et d'oiseaux au parc de Beaujardin*, près Tours, par M. Cornély, le plan du domaine de Beaujardin, une photographie du premier nid de talégalle construit sur le continent, le premier volume de la revue hebdomadaire intitulée *Le Poussin* et le *Traité d'élevage des animaux de basse-cour* par M. E. Lemoine. Un libraire allemand avait exposé, en outre, des traductions des *Poules, dindons, oies et canards* de M. A. Espanet, et des *Dindons et pintades* de M. Mariot-Dideux; mais j'ai vainement cherché ces traités eux-mêmes et les autres ouvrages de la même catégorie publiés récemment dans notre pays, tels que *Le Poulailler* de M. Ch. Jacque, la *Monographie des races de poules* de M. La Perre de Roo, l'*Aviculture* de M. Leroy, le *Traité des maladies des oiseaux* de M. Mégnin, etc. Je n'ai pas trouvé non plus les recueils périodiques français renfermant des mémoires d'ornithologie, des monographies, des descriptions d'espèces ou des articles sur la chasse; mais je me suis facilement expliqué cette lacune en songeant qu'en France quelques personnes seulement avaient été averties à l'avance de l'ouverture et du véritable objet de l'Exposition de Vienne. Évidemment une plus vaste publicité et l'envoi aux journaux étrangers d'un programme détaillé où le caractère international de l'Exposition eût été nettement indiqué eussent provoqué un plus grand concours d'exposants et eussent permis à la littérature ornithologique française d'être plus largement représentée et d'obtenir sa part dans la distribution des récompenses.

Je n'insisterai pas sur la visite que j'ai faite, en compagnie de quelques-uns de mes collègues, au château impérial de Schönbrünn, dont le parc renferme une riche collection d'animaux vivants, sur les excursions organisées par les soins de l'Union ornithologique de Vienne, et dont une a eu pour objet la célèbre abbaye de Mölk, où les membres du Congrès ont trouvé une hospitalité aussi cordiale que somptueuse. Je m'abstiendrai également de reproduire ici les observations ornithologiques que j'ai pu faire, soit dans l'admirable volière du prince de Saxe-Cobourg, soit dans les galeries du Musée impérial d'histoire naturelle, sous la conduite des savants conservateurs, MM. de Pelzeln et Steindachner, et j'arriverai immédiatement à l'objet principal de ma mission, c'est-à-dire à l'examen des travaux du Congrès ornithologique.

Le 6 avril au soir, dans une des salles du Cercle scientifique (*Wissenschaftlicher Club*), eut lieu une réunion préparatoire à laquelle assistaient des membres de l'Union ornithologique de Vienne et beaucoup de savants et de délégués étrangers. Le nombre de ceux-ci fut plus considérable encore le lendemain, lors de l'ouverture solennelle du Congrès, et il atteignit, dès les premières séances, le chiffre de cent.

La plupart des États de l'Europe se trouvaient représentés dans cette assemblée : l'Autriche, par les membres de l'Union ornithologique de Vienne, dont j'ai déjà cité les noms, M. le marquis de Bellegarde, M. Bachofen d'Echt, M. de Hayek et M. de Pelzeln, ainsi que par M. Antoine de Pretis-Cagnodo, conseiller au Ministère de l'agriculture, et par M. le docteur Émile d'Hermanowski, secrétaire au même ministère ; les provinces de Croatie, d'Esclavonie et de Dalmatie, par M. le professeur Spiridion Brusina, directeur du Musée d'Agram ; la Russie, par M. le docteur Gustave Radde, conseiller d'État à Tiflis, et par M. Léopold de Schrenk, membre de l'Académie des sciences de Saint-Pétersbourg, délégué de S. M. l'Empereur ; l'Allemagne, par M. le baron de Homeyer et par M. le professeur C. Altum, délégués du Ministère de l'agriculture de Prusse, par S. A. le prince Ferdinand de Saxe-Cobourg et par le docteur E. Baldamus, délégués du duché de Cobourg et Gotha et du duché d'Anhalt, par M. le docteur A.-B. Meyer, conseiller aulique, directeur du Musée anthropologique, ethnographique et zoologique de Dresde, par M. le docteur Thienemann, délégué du duché de Saxe-Altenbourg et de l'Union allemande de Zangenberg pour la protection des oiseaux, par M. Hugo du Roi, conseiller de commerce et délégué du Ministère d'État de Brunswick, et par M. de Berg, délégué du Ministère d'Alsace-Lorraine ; la Hollande, par le docteur F. Pollen et M. van den Berck van Heemstede, délégués de la Société protectrice des animaux de la Haye ; la Suède, par M. le comte Tage Thott ; la France, par l'auteur de ce rapport, qui avait l'honneur d'être délégué à la fois par votre Département, Monsieur le Ministre, et par le Département de l'instruction publique ; l'Italie, par le docteur Henri Giglioli, délégué du Ministère de l'instruction publique ; la Confédération Suisse, par le docteur Fatio, de Genève ; l'Espagne, par don Auguste Conte, ministre plénipotentiaire et envoyé extraordinaire ; la République argentine, par le docteur Albert Blancas, secrétaire de légation ; le Japon, par M. Kiyo-o-Hongma, secrétaire d'ambassade ; le royaume de Siam, par M. le consul Hugo Schönberger ; et le royaume de Hawaï, par M. le consul Victor Schönberger.

Un grand nombre de sociétés savantes avaient aussi leurs délégués au Congrès. Ainsi, la Société ornithologique allemande avait envoyé le docteur J.-L. Cabanis, conservateur au Musée de Berlin, et le docteur A. Reichenow ; la Société agricole de Styrie, son président, M. le baron Max de Washington, membre de la Chambre des seigneurs d'Autriche ; l'Union autrichienne pour l'élevage des volailles, son vice-président, M. J.-B. Brusskay, M. Joseph Kührer et M. Koloman Zdeborsky ; l'Union protectrice du gibier du nord-ouest de l'Autriche, M. le comte Breuner-Enkevoirth ; l'Union protectrice des animaux de Vienne, M. C. Landsteiner; l'Union agricole de Bohême, M. Ferdinand Thume; la Société pour l'élevage des petits animaux, M. F. Hiller, de Prague, secrétaire du Conseil d'agriculture; l'Union pour la protection et l'étude des oiseaux de Salzbourg, M. Fritz Zeller; l'Union pour l'élevage des oiseaux de Königsberg, M. Albert Barkowski; l'Union ornithologique de Stettin, le docteur Bauer; l'Union centrale pour l'élevage des oiseaux de la province de Hanovre, M. L. Ehlers et le docteur A. Lax; l'Union bavaroise pour l'élevage des oiseaux, M. Joseph Hellerer, de Munich; la Ligue pour la protection des oiseaux de la Westphalie rhénane, le docteur A. Heyer; l'Union des amis des oiseaux de Wurtemberg, M. Fritz Kerz de Stuttgart; les Sociétés *Ornis* de Berlin et de Magdebourg, l'Union protectrice des animaux de Hainaut et la Société ornithologique de Dantzig, le docteur Carl Russ, de Berlin; la Société protectrice des animaux de Moscou, M. le comte A. d'Andréeff, conseiller d'État; la Société protectrice des animaux de Varsovie, M. A. Bachner; la Société zoologique de France, M. A. de Pelzeln; l'Union pour l'élevage des oiseaux de Hambourg–Altona, M. le baron de Villa-Secca; la Société d'acclimatation de France, un de ses membres, l'auteur de ce rapport; la Société des chasseurs suisses *Diana*, son vice-président, M. Edmond d'Eynard; les Sociétés ornithologiques suisses, M. Fréd. Greuter-Engel, de Bâle; la Société adriatique des sciences naturelles de Trieste, le docteur Bernard Schiavuzzi, de Monfalcone; la Société italienne des sciences naturelles de Milan, M. A. Senouer; l'Académie des sciences de l'Institut de Bologne, M. le docteur Joseph Hyrtl, conseiller aulique; l'Université royale de Norvège, M. le docteur R. Collett, directeur du Musée de Christiana, etc.

Enfin un grand nombre de notabilités politiques, de savants et d'amateurs s'étaient rendus spontanément au Congrès. Parmi eux, je citerai S. A. le prince Henri VII de Reuss, ambassadeur d'Allemagne; M. le comte de Falkenhayn, Ministre de l'agriculture d'Autriche; Son Exc. le comte Vladimir Dzieduszycki, de Lemberg; M. le comte Marshall, chambellan de S. M. l'Empereur d'Autriche; M. le comte Léopold Podstatzky-Lichtenstein; M. le comte Zdenko de Zierotin; M. le baron Louis Fischer de Nagy-Szalatnya; M. le baron Étienne de Washington; M. le baron Hugo de Dunay de Duna-Vecze; M. le baron Gabriel de Günzburg (de Paris); M. le chevalier Victor de Tchusi-Schmidhoffen; le docteur Rodolphe Blasius de Brunswick; le docteur O. Finsch, de Brême; le docteur Modeste Bogdanow, professeur à l'Université et directeur du Musée zoologique de Saint-Pétersbourg; le docteur Robert Collett, directeur du Musée zoologique de Christiania; le docteur Ch. Claus, conseiller aulique et professeur à l'Université de Vienne; M. Adalbert Jeitteles, conservateur de la bibliothèque et professeur à l'Université; le docteur Auguste Mojsisovics, de Gratz; les docteurs Jean Palacky et Vladislaw Schier, de Prague; M. Édouard Döll, directeur de l'École des arts et métiers; le docteur A. Girtanner, de Saint-Gall; le docteur Ferdinand Lentner, professeur et secrétaire aulique; le docteur Fernand Fischer, médecin de corvette; le docteur Henri Wien, publiciste à Vienne; M. A.-W. Künast, directeur de la librairie de la Cour; M. le curé P. Blasius Hanf, de Mariahof en Styrie, etc.

Le 7 avril le Congrès fut ouvert par S. A. I. et R. l'archiduc Rodolphe, prince héritier, qui prononça l'allocution suivante :

« Je suis heureux et fier de voir réunis dans notre ville natale un aussi grand nombre de naturalistes expérimentés et de savants illustres venus de contrées diverses, dans le commun désir d'échanger leurs idées et de contribuer au progrès des connaissances humaines. Seul, un sentiment de timidité que je ne puis entièrement surmonter, m'empêche d'exprimer, comme je le voudrais, combien je suis sensible à l'honneur de présider un Congrès spécialement consacré à l'ornithologie, c'est-à-dire à une science qui a fait le charme de mes premières années. Cette science, je l'ai cultivée avec la passion d'un débutant, avec le zèle d'un chercheur et d'un collectionneur, mais j'ai encore beaucoup à apprendre pour être digne de prendre part à vos travaux.

« L'ornithologie, en l'honneur de laquelle nous nous trouvons aujourd'hui rassemblés, est une des branches les plus belles et les plus utiles des sciences naturelles ; ce sont les sciences naturelles, ne l'oublions pas, qui ont imprimé leur cachet au siècle où nous vivons, en nous donnant des théories claires et précises, en nous apprenant à utiliser les forces naturelles et à découvrir les grandes lois qui régissent l'univers. C'est sous la bannière de ces sciences que se rangent tous les chercheurs, quel que soit le théâtre de leurs travaux, car l'astronome dans son observatoire, l'anatomiste dans son amphithéâtre, le chimiste dans son laboratoire, le savant dans sa bibliothèque, le chasseur au milieu de la forêt, poursuivent en réalité le même but, la connaissance de la nature, l'étude des êtres, de leur origine et de leur fin.

« Pénétré de ces sentiments, je fais des vœux pour que vos efforts soient couronnés de succès et j'ai l'honneur de déclarer ouvert ce Congrès, qui, je l'espère, contribuera à l'accroissement de nos connaissances. »

Après ce discours, couvert d'applaudissements, le docteur Prix, vice-bourgmestre, et M. le marquis de Bellegarde ont à leur tour souhaité la bienvenue aux membres du Congrès au nom de la ville de Vienne et de l'Union ornithologique ; puis le docteur Radde, qui dans la séance préparatoire avait été choisi comme président, a exprimé les sentiments unanimes de l'assemblée en remerciant le Prince héritier d'avoir accepté le titre de protecteur du Congrès, et il a prié Son Altesse de continuer à entourer de sa sollicitude les oiseaux, qui ont été les amis de son enfance et qui dans son âge mûr pourront encore le charmer et le distraire des graves soucis de la politique.

La séance ayant été momentanément suspendue, le prince Rodolphe se fit présenter les délégués des différents pays, avec lesquels il s'entretint quelques instants, puis il fut procédé à la constitution définitive du bureau. Après une lutte courtoise dans laquelle le docteur Radde et le docteur G. de Hayek firent assaut de modestie, le premier de ces naturalistes consentit à accepter la présidence du Congrès et le docteur de Hayek la vice-présidence. Sur la proposition du docteur Radde, quatre autres vice-présidents furent pris parmi les délégués des pays étrangers les plus voisins de l'Autriche ; c'est ainsi que MM. Giglioli, Fatio, Altum et moi-même fûmes élus par acclamation ; enfin le docteur de Kadich, de Vienne, fut choisi comme secrétaire et le docteur Wien eut la charge de surveiller la publication des procès-verbaux des séances.

Pour l'examen des trois questions portées au programme, savoir : 1° protection des oiseaux au moyen d'une loi internationale ; 2° recherche de l'origine de la poule domestique et mesures à prendre pour perfectionner l'élevage des volailles ; 3° établissement, sur tout le globe habité, d'un réseau de stations destinées à des observations ornithologiques, le Congrès décida de se partager en trois sections, en admettant toutefois que ces sections ne seraient pas fermées et qu'elles pourraient recevoir dans leur sein tous les membres des autres groupes désireux de prendre part à leurs délibérations. La présidence et la vice-présidence de la première section, chargée de l'examen de la première question, furent dévolues à M. de Homeyer et à M. L. de Schrenck et au docteur Meyer; celles de la seconde section, à M. Hugo du Roi et à M. le baron de Washington, et celles de la troisième section, au docteur Blasius de Brunswick et à M. Tschusi-Schmidhoffen.

Pour ainsi dire sans discussion, la priorité fut accordée à la question de la protection des oiseaux, en raison de l'intérêt qu'elle présente au point de vue international et de la place qu'elle tient actuellement dans les préoccupations de la plupart des gouvernements.

Tout le monde est d'accord en effet pour reconnaître qu'il est grand temps d'arrêter cette rage de destruction qui sévit sur divers points du globe et qui menace d'anéantir complètement certaines espèces ornithologiques.

Pour nos oiseaux indigènes, la situation est devenue d'autant plus critique que, dans ces dernières années, la mode s'est emparée de leurs dépouilles et les a fait rechercher presque au même titre que les paradisiers, les merles bronzés, les oiseaux-mouches et autres espèces exotiques à plumage brillant.

Les geais aux ailes variées de roux, de blanc et de bleu céleste, les rapaces nocturnes et les engoulevents qui portent une livrée aux teintes douces et harmonieuses, les pies, les étourneaux et les martins-pêcheurs ont été massacrés par milliers; les grèbes dont la fourrure soyeuse sert à fabriquer des manchons ou à border des manteaux, les petits hérons pourvus d'aigrettes élégantes ont été pourchassés aussi bien sur les côtes de la Méditerranée que dans les contrées septentrionales de l'Europe, et si les hécatombes dont le lac Fezzara, en Algérie, était naguère encore le théâtre ne se sont pas renouvelées, une foule d'oiseaux d'eau, traîtreusement pris au piège, n'ont cessé d'alimenter l'industrie de la parure. Quant aux oiseaux de mer, leur destruction a pu s'opérer librement, au grand jour, puisque, par une singulière exception, ces malheureuses créatures ne jouissent point de la protection de l'autorité. L'article 1ᵉʳ de l'arrêté permanent du 28 mars 1862 dit en effet : « la chasse des oiseaux de mer est permise *pendant toute l'année, même en temps de neige*, en bateau, sur le rivage de la mer et sur le bord des rivières et des fleuves que le flot couvre et découvre à chaque marée. Le transport et la vente du gibier de mer sont permis en tout temps ». Cet article, que M. de la Sicotière cite dans son *Rapport au Sénat* (1877), n'est que la consécration d'un usage ancien. En effet, d'après M. Paul Ducroquet (*De l'exercice du droit de chasse sur le domaine public maritime*), il existe à la mairie de Saint-Valéry-sur-Somme des documents établissant que, grâce à l'intervention de M. Rivery, représentant du peuple en 1792, les indigents de cette ville obtinrent pendant plusieurs années, de la Commission des armes, poudre et mines de la République, une quantité assez considérable de poudre et de plomb pour chasser les oiseaux de mer, qui constituaient une partie de leur alimentation, pendant la saison où le poisson était peu abondant.

Le 20 juin 1860, la Cour de cassation décida, il est vrai, que la loi de 1844 sur la chasse concernait aussi les oiseaux de mer; mais cette interprétation ayant été combattue par beaucoup de jurisconsultes, les choses restèrent en l'état, à cela près que des permis furent généralement exigés des personnes chassant sur les grèves, tandis que la plus grande liberté fut laissée non seulement aux marins, mais encore aux autres personnes chassant sur les bancs du large, ou à l'aide d'embarcations, dans les baies et les étangs salés.

Dans ces conditions, il n'est pas étonnant que nos plages voient leur population ornithologique diminuer tous les jours. Les pingouins, les pétrels, les mouettes et les hirondelles de mer deviennent de plus en plus rares sur nos côtes, tandis que sur d'autres points de l'Europe ces mêmes oiseaux, sagement protégés, continuent à former des colonies nombreuses.

Pour les espèces qui rentrent dans la catégorie du gibier à plumes, la diminution n'est pas moins sensible, et il y a déjà plusieurs années qu'en France M. le marquis de Cherville et M. Bellecroix, et à l'étranger tous les rédacteurs de journaux de chasse, ont appelé sur ce fait l'attention des gouvernements.

Dans nos contrées, le biset (*Columba livia*), la souche ou une des souches des nos pigeons domestiques, ne se montre plus guère à l'état sauvage que sur quelques points du littoral méditerranéen, et nulle part il n'est soigné et protégé comme en Égypte. Le ramier ou palombe (*Palumbus torquatus*) ne se reproduit communément, il est vrai, que dans nos jardins publics et passe en troupes serrées avec le colombin (*Columba œnas*) à travers nos départements méridionaux. Mais si l'on compare les troupes actuelles de ces émigrants à celles qui traversaient il y a un siècle les mêmes régions et dont l'importance nous est attestée par les anciens auteurs, on voit que la guerre acharnée faite aux palombes et aux colombins dans le Béarn, le Bigorre et la Basse-Navarre a porté ses fruits. Quel est le chasseur qui pourrait maintenant capturer plus de deux mille pigeons en un seul jour et en une seule pantière? Et cependant c'était là un chiffre qui, du temps de Magné de Marolles, ne paraissait par très extraordinaire.

Pour les cailles, les conséquences d'une chasse effrénée se manifestent encore plus clairement. A la Nouvelle-Zélande, la caille indigène n'existe plus, et la dernière paire a été acquise, il y a quelques années, par une collection publique au prix de 1,500 francs, et en Europe la caille commune (*Coturnix communis*) ne méritera bientôt plus son nom. Sur les rivages de la Méditerranée, et principalement sur les côtes méridionales, occidentales et orientales de cette mer intérieure, on chasse les cailles au fusil où à l'aide de filets, de collets ou de pièges variés. A Biskra, en Algérie, on en prend des quantités considérables vers la fin du mois de mars; en Espagne, au printemps, la chasse n'est pas moins fructueuse; et dans l'île de Santorin, on tue chaque année des milliers de cailles qu'on plume et qu'on sale ou qu'on plonge dans le vinaigre, après leur avoir fendu la poitrine et coupé la tête et les pattes, pour en faire des provisions d'hiver. Dans l'île de Capri, où ces petits gallinacés passent aussi en grand nombre, l'évêque percevait jadis une redevance sur le gibier capturé et se faisait ainsi, dit-on, un revenu de 40,000 à 50,000 francs. Enfin à Rome même, suivant Watterton, on met parfois en vente, dans un seul jour, jusqu'à 17,000 cailles.

Le commerce de ces oiseaux en temps prohibé a été autorisé en France par une circulaire ministérielle dont MM. Millet et Cretté de Palluel ont fait ressortir les inconvénients à divers points de vue. Les cailles prises au printemps, suivant M. Cretté de Palluel, n'ont pas en effet les mêmes qualités alimentaires que les cailles prises en automne, et la chair de celles qui sont expédiées mortes peut même devenir malsaine; en outre, l'autorisation de vente à stimulé les convoitises des braconniers, et il est résulté des conséquences déplorables : « dans un rayon de vingt à trente kilomètres, aux environs de Paris, écrivait M. Cretté de Palluel en 1878 (*Bulletin de la Société d'acclimatation*), nous nous sommes rendu compte que cette année il n'y a plus de cailles; ainsi, sur une surface donnée où l'on constatait, les années précédentes, la présence de trente cailles au moins, nous n'en avons rencontré qu'une, deux ou point. La caille est un oiseau d'une grande fécondité; si l'on cessait de la détruire pendant quelques années, l'espèce deviendrait bientôt aussi abondante qu'auparavant, mais voici maintenant qu'on se livre à la destruction des couvées. On vient même d'inventer un nouveau mets, la timbale aux œufs de cailles; c'est le plat à la mode, ainsi que nous l'apprennent les journaux. Cependant la loi du 3 mai 1844 est formelle à cet égard; aux termes de l'article 4, *il est interdit de prendre les œufs de faisans, de perdrix et de cailles;* nous demandons que la loi soit exécutée et respectée par tous ».

Dans le département d'Eure-et-Loir, d'après M. Marchand, les perdrix grises (*Perdix ou Starna cinerea*) sont détruites en grand nombre par les braconniers, qui se servaient jadis de pantières, quand il faisait clair de lune, mais qui emploient maintenant presque tous le *drapmortuaire* par des nuits obscures (notamment dans le Tarn). Ailleurs, c'est la perdrix rouge (*Perdix rubra*) qui a presque complètement disparu, par suite de la facilité avec laquelle elle tombe dans les pièges.

Les grandes outardes (*Otis tarda*), encore très communes en Russie, n'existent plus en Grande-Bretagne, où les derniers représentants de leur espèce ont été tués en 1838 (voyez A. Newton, *Ibis*, 1862, p. 107), et elles ne se trouvent en France à l'état sédentaire qu'en très petit nombre sur un ou deux points de la Champagne. Le docteur Dorin rapporte que jadis, au contraire, ces oiseaux arrivaient *par milliers* dans les environs de Châlons-sur-Marne.

On fait en Hollande un si grand commerce d'œufs de vanneaux que la propagation de l'espèce s'effectue d'année en année dans de plus mauvaises conditions. Les petits chevaliers, les combattants, les courlis, les bécasseaux sont capturés ou massacrés par centaines dans la baie de la Somme, à la faveur de la tolérance qui est accordée pour la chasse aux oiseaux de mer; les passages des bécasses, dans la plupart de nos départements, sont beaucoup moins considérables qu'autrefois, les journaux de chasse sont unanimes à le constater; et, suivant M. de Barrau de Muratel (*Réponse au questionnaire posé par la Société d'acclimatation*, 1884), dans le département du Tarn, si les râles, les bécassines et les bécasses arrivent encore, «c'est en si petit nombre qu'il faut être bien déterminé chasseur pour se mettre à leur recherche. Les canards sauvages et les sarcelles sont devenus très rares, et les oies sauvages ne viennent plus. Autrefois, au contraire, la chasse de ces oiseaux de passage constituait un des passe-temps favoris de la population de la France méridionale». Dans la même région, les petites grives, les becs-fins, qui s'abattaient en foule sur les vignes au moment de la maturité du raisin, ne se voient plus qu'à de rares intervalles et en très petit nombre. Enfin il y a plus de vingt-cinq ans que M. de Barrau de Muratel n'a plus aperçu dans le Tarn un seul pluvier doré ni un seul pluvier gris. Il en sera bientôt de même dans les autres régions de la France. Ainsi, dans le département d'Eure-et-Loir, où l'on prenait chaque année des quantités innombrables de pluviers dorés et de pluviers guignards, qui servaient à fabriquer les fameux pâtés de Chartres, on ne tue plus, suivant M. Marchand, que des individus isolés. Sur les mêmes points de la France, il se fait ou il se faisait naguère encore une énorme destruction d'alouettes. Ainsi, il y a quelques années, on pouvait voir chez un marchand de gibier à Chartres jusqu'à 200 et même 275 douzaines de ces petits oiseaux reçues en un seul jour !

«Dans le Tarn, dit M. de Barrau de Muratel (*loc. cit.*), les alouettes passaient autrefois au mois de novembre et revenaient au mois de mars par vols innombrables; mais elles ont été l'objet d'une chasse si acharnée que leur nombre a été considérablement réduit; elles sont devenues rares à ce point que la douzaine, qui sur le marché se payait 50 centimes, se paye aujourd'hui 1 fr. 50 cent. *Cette chasse, pratiquée à l'aide de collets en crins, avec appeaux et appelants, est plutôt une industrie qu'une chasse et est autorisée par les préfets jusqu'au 30 avril».*

Sur d'autres points de notre territoire, les alouettes ont été même, à certaines époques, rangées parmi les *oiseaux nuisibles*, et leur destruction a été non seulement autorisée, mais recommandée par l'Administration.

Un article du *Temps* du 17 octobre 1873 constate que, aux environs de Paris même, la chasse aux alouettes se pratique pendant la nuit, au moyen du traîneau, grand filet que l'on promène sur les emblavures, et qui, convenablement manié, ne procure pas moins de 1,000 à 1,200 oiseaux par saison. Déjà en 1853, d'après M. A. Husson (*Les consommations de Paris*, 1856), le nombre d'alouettes vendues sur le marché de notre capitale avait atteint le chiffre énorme de 1,329,964, et s'il ne s'est pas élevé plus haut dans les années suivantes, cela tient certainement à ce que les bandes poursuivies par les chasseurs deviennent de moins en moins nombreuses.

En Allemagne, le massacre ne se fait pas sur une moindre échelle : ainsi M. Brehm rapporte (*Vie des animaux*, *Oiseaux*, édition française, t. Ier, p. 224), d'après Elzholz, qu'il y a quelques années on vit entrer à Leipzig, durant le mois d'octobre seulement, 403,455 alouettes et au moins autant durant les mois de septembre et de novembre. Dans ces conditions, on peut évaluer sans exagération, avec M. Brehm, à *5 à 6 millions* le nombre d'alouettes que l'homme détruit chaque année dans les divers pays de l'Europe.

Dans le nord et dans le sud-est de la France, beaucoup d'autres passereaux que, avec la meilleure volonté du monde, on ne saurait ranger parmi les animaux nuisibles, ont été et sont peut-être encore par milliers les victimes de ces *tendues* que les préfets de la Meurthe, des Vosges, de la Haute-Marne, de Vaucluse ont cru devoir autoriser. Grâce à cette tolérance, en 1832, sur les limites du département de la Haute-Marne et de la Meuse, dans un petit bois, la même personne prit en moyenne 235 oiseaux par jour, soit 10,575 en quarante-cinq jours, durée de la *tendue*. Cette chasse se continua régulièrement pendant sept ans et s'effectua dans d'autres localités de la même région, de 1840 à 1850. Pour cette dernière période, M. Lescuyer, à qui j'emprunte ces renseignements, ne donne pas de chiffres précis, pas plus que pour la période de 1850 à 1871; mais il nous apprend qu'en 1871 et en 1872, dans les cantons de Revigny et d'Ancerville (Meuse) et de Saint-Dizier (Haute-Marne), on prit 3,480 oiseaux, dans des tendues qui durèrent d'un à trois mois et qui eurent pour théâtre des bois de très faible étendue.

Enfin, en 1874, dans une localité voisine de celle où demeurait M. Barbier-Montault, une seule personne trouva moyen, en peu de temps, sous prétexte de chasser aux alouettes, de capturer soixante douzaines de passereaux. Les oiseaux ainsi capturés appartiennent aux espèces les plus variées : ce sont des insectivores aussi bien que des granivores, des passereaux de toutes les tailles, gobe-mouches, troglodytes, roitelets, mésanges, grimpereaux, pouillots, fauvettes, rouges-gorges, rossignols, merles, grives, moineaux, pinsons, bouvreuils, gros-becs, pies-grièches, geais; des grimpeurs tels que le pic-vert, le pic-épeiche; quelques martins-pêcheurs et même des rapaces, principalement des cresserelles. La plupart sont pris vivants, mais beaucoup ont les pattes brisées; ils sont immédiatement sacrifiés et bientôt après expédiés sur les grands centres sous le nom de *mauviettes*. La chasse est d'autant plus active que la valeur marchande des petits becs-fins a augmenté en raison directe de leur rareté. C'est ainsi, par exemple, que la douzaine de rouges-gorges, qui valait, il y a cinquante ans, de 30 à 40 centimes, se paye couramment, à l'heure actuelle, 1 fr. 25 cent. ou même 1 fr. 30 cent., prix énorme si l'on songe que, d'après les observations de M. Lescuyer, un rouge-gorge, plumé et désossé, ne pèse pas plus de 7 grammes 30.

Les ortolans, déjà fort prisés des Romains pour la délicatesse de leur chair, sont encore chassés dans le midi de la France, aussi bien qu'en Belgique, en Grèce et en Italie. De Port-Vendres à Perpignan, on les capture avec des grands filets à une seule nappe que le vent contribue à abattre et qui prennent en quelques heures des centaines d'oiseaux. Ceux-ci sont gardés en cage et engraissés ou sont expédiés immédiatement sur le marché, tandis que, dans les îles grecques, les ortolans sont tués, plumés et mis en baril avec du vinaigre et des épices. Mais pendant ces dernières années la destruction a marché avec une telle rapidité que les passages sont devenus extrêmement restreints et que la chasse des ortolans cesserait d'être rémunératrice, si, à la place de ces oiseaux, on ne tuait et on ne vendait des chardonnerets et jusqu'à des fauvettes et des rossignols !

Les autres espèces de bruants sont d'autant moins épargnées que ces oiseaux semblent s'offrir aux coups du chasseur, et parmi les bruants de neiges et les pinsons des Ardennes, qui dans les hivers rigoureux arrivent par nuées sur nos côtes septentrionales, il y en a bien peu qui revoient leur pays natal.

Les hirondelles, plus heureuses, sont généralement protégées et paraissent même être l'objet d'un respect superstitieux; mais il n'en est pas ainsi sur toute l'étendue de notre territoire, et, dans son *Rapport au Sénat*, M. de la Sicotière a déjà raconté les persécutions auxquelles ces charmants oiseaux sont en butte dans le midi de la France; on les tue à coup de fusil, on les prend avec des hameçons amorcés d'une mouche, on les capture par milliers dans de grands filets nommés *pentes*, et avec leur pauvre chair on fabrique des pâtés que les marchands vendent impudemment comme pâtés d'alouettes.

A cette liste des victimes sacrifiées dans un but mercantile, ou pour donner satisfaction à des instincts cruels, viennent s'ajouter les nombreux oiseaux qui sont condamnés et mis à mort parce qu'on les considère, à tort ou à raison, comme des êtres nuisibles. Dans cette dernière catégorie l'habitant des campagnes range volontiers tous les rapaces, diurnes et nocturnes, qu'il poursuit sans distinction d'espèces, exterminant avec la même ardeur les hobereaux, les buses, les cresserelles, les chouettes et les chats-huants, qui se nourrissent principalement d'insectes et de petits rongeurs, et les aigles, les autours, les faucons, et les grands-ducs, qui font la chasse au gibier à poil et à plumes.

Les hérons, qui ont été inscrits par quelques naturalistes au nombre des espèces nuisibles, mais dont la cause n'a peut-être pas été suffisamment entendue, ne paraissent plus, comme jadis, être chassés au vol sur le bord de nos cours d'eau, car ils ne constituent plus en France que de rares colonies. Une des dernières, celle d'Écury-le-Grand (Marne), ne subsiste même que grâce à la protection des comtes de Sainte-Suzanne, sur les terres desquels elle se trouve placée.

Les pies, sur lesquelles on a fait peser de graves accusations et qu'on a vu, dit-on, piller les nids des petits passereaux, ont été également condamnées, malgré les efforts de leurs défenseurs qui ont fait valoir les services qu'elles rendaient à l'agriculture en dévorant des insectes et des vers. C'est ainsi que l'association rémoise pour la répression du braconnage a payé, en 1867 et 1868, des primes s'élevant à la somme de

38,000 francs environ pour la destruction de 11,540 pies, de 1,116 oiseaux de proie et de 439,240 œufs appartenant aux mêmes espèces (Lefèvre : *Tous les oiseaux sont utiles*, p. 8). Pour des motifs analogues, on fait dans nos jardins publics et dans certaines propriétés particulières une guerre acharnée aux freux et aux corneilles. Chaque année l'Administration fait jeter à bas dans les jardins des Tuileries et du Luxembourg les nids des corvidés, afin de laisser la place aux merles et aux ramiers, et M. Auguste Besnard rapporte (*Bulletin de la Société zoologique de France*, 1882), d'après le régisseur du château de Sourches (Sarthe), que le nombre des jeunes freux sacrifiés actuellement dans le parc de ce domaine s'élève à 4,000 environ.

En Angleterre, on n'agit pas en général de cette façon, et, après avoir fait la guerre aux freux, on s'est décidé, du moins dans certains comtés, à les laisser vivre en paix, dans le voisinage des manoirs, où ils forment des colonies, des *rookeries*, pour employer le terme consacré. Le docteur Brehm et le docteur Gloger avaient déjà signalé du reste les services que les freux, de même que les corneilles et les choucas, peuvent rendre dans les contrées infestées de campagnols ou dans les champs ravagés par les vers blancs, et, tout récemment, M. Vian (*Bulletin de la Société zoologique de France*, 1881) est venu joindre à cet égard son témoignage à celui de ses devanciers.

Le pic-vert (*Gecinus viridis*), dont l'abbé Vincelot (*La Réhabilitation du pic-vert*), Michelet (*L'Oiseau*), M. de Sélys-Longchamps (*Le Livre de la ferme*), M. Mathieu (*Cours de zoologie forestière*), le docteur Gloger (*Bulletin de la Société protectrice des animaux*, 1861), M. Ernest Menault (*La Nature*, 27 décembre 1873) et beaucoup d'autres auteurs ont fait ressortir l'utilité comme destructeur d'insectes, le pic-vert, dis-je, et tous les grimpeurs de la même famille ont été fréquemment en butte aux attaques des agents forestiers, qui les ont accusés de perforer le tronc des arbres sains ou d'augmenter les dégâts dans les arbres précédemment attaqués par les insectes. Aussi M. le docteur Esterno, membre de la Société des agriculteurs de France, a-t-il réclamé, il y a une dizaine d'années, la suppression de ce bel oiseau, qui a été rayé de la liste des animaux utiles par plusieurs gouvernements, et qui en Belgique ne figure plus dans la liste des espèces insectivores dont la chasse est interdite en toutes saisons (arrêté royal du 21 avril 1873).

Il n'est pas jusqu'aux moineaux des villes et des campagnes (*Passer domesticus* et *P. montanus*) qui n'aient eu et qui n'aient encore leurs détracteurs, et par suite leurs juges et leurs bourreaux. Proscrits en Prusse sous le règne du grand Frédéric, les moineaux ont été jugés par Buffon en ces termes : «Les moineaux sont, comme les rats, attachés à nos habitations, ils suivent la société pour vivre à ses dépens; comme ils sont paresseux et gourmands, c'est sur des provisions toutes faites, c'est-à-dire sur le bien d'autrui, qu'ils prennent leur subsistance.

«Ils sont si malfaisants, si incommodes, qu'il serait à désirer qu'on trouvât quelque moyen pour les détruire.»

L'auteur de l'article *Moineau*, dans le *Dictionnaire* de d'Orbigny, n'est pas moins sévère : «casaniers importuns, commensaux incommodes, impudents parasites, qui partagent, malgré nous, nos fruits et notre domicile, les moineaux, dit-il, ne rachètent leurs défauts par aucune qualité utile».

M. Châtel, de Vire (*Utilité et réhabilitation du moineau*, mémoire publié dans le *Bulletin de la Société protectrice des animaux*, t. V, et *Nouvelles observations et considérations sur l'utilité des oiseaux*, mémoire lu à la Société d'acclimatation en 1861), Toussenel (*Le Monde des oiseaux*, t. II, p. 154), M. de Quatrefages (*Souvenirs d'un naturaliste*),

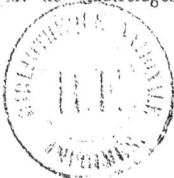

M. Guérin-Méneville (*Revue zoologique*, t. VI, p. 696), M. de Sélys-Longchamps (*Le Livre de la ferme*), M. Mäthieu (*Cours de zoologie forestière*, p. 76) et beaucoup d'autres auteurs que je pourrais citer, ont, il est vrai, défendu chaudement les moineaux, mais il est toujours resté quelque chose des accusations portées un peu à la légère contre ces petits passereaux, et les propriétaires campagnards, qui les voient piller leurs raisins et dérober le grain dans leurs granges, oublient volontiers les services que les moineaux rendent en dévorant au printemps des vers blancs et d'autres insectes. Aussi ne se font-ils pas faute de leur tendre des pièges et de leur envoyer des coups de fusil. Souvent même, dans nos campagnes, on dispose le long des murs des pots de terre, à étroite ouverture, dans lesquels les moineaux viennent nicher avec confiance et qui constituent de véritables pièges; en effet, sitôt que les petits sont prêts à prendre leur volée, les enfants des fermiers enlèvent les nids artificiels et s'emparent des habitants qu'ils égorgent sans pitié. On peut même citer quelques communes où la tête des moineaux a été mise à prix. Ainsi, en 1870, la commune d'Orléansville comprit dans son budget une somme destinée à encourager la destruction des animaux nuisibles, et, grâce à cette mesure, on mit à mort 53,680 moineaux. (*Bulletin de la Société protectrice des animaux*, 1873.)

Je n'ai pas à énumérer ici les engins variés dont l'homme fait usage dans la campagne qu'il a entreprise contre le monde emplumé; les moyens de destruction se perfectionnent d'ailleurs incessamment, et aux trappes, aux filets, aux lacets, aux gluaux, sont venus se joindre les poisons et l'électricité. Déjà, dans son *Rapport*, M. de la Sicotière signalait, d'après le docteur Turrel, le danger que faisait courir à la santé publique la vente, sur les marchés de nos villes du Midi, de grandes quantités de gibier tué avec de la strychnine, et naguère le journal *l'Acclimatation* reproduisait un article de la *Gazette commerciale* où se trouvait décrit un nouveau procédé de chasse aux petits oiseaux, imaginé aux environs de Marseille et ayant un effet singulièrement meurtrier. Voici en quoi consiste ce procédé. On entoure les branches d'un arbre mort d'un fil de cuivre qu'on met en communication avec une bobine de Rhumkorf. «Un oiseau servant à attirer ses confrères, est attaché au bout d'un mât, près de l'arbre préparé. Et lorsque les malheureux et confiants voyageurs sont réunis en assez grand nombre sur le traître perchoir, le chasseur, qui les guette, fait un mouvement avec le commutateur qu'il a sous la main et c'est alors un foudroiement général. L'effet est sûr et ne dépend plus de l'adresse du chasseur.»

Mais ce n'est pas seulement par des attaques directes que l'homme exerce une action néfaste sur une foule d'espèces ornithologiques, et il compromet aussi leur existence d'une manière indirecte en supprimant leurs retraites naturelles ou en élevant des constructions qui les gênent dans leurs migrations.

«La destruction irréfléchie des arbres, écrivait le docteur Gloger en 1861 (*Kleine Ermahnung zum Schutze nützlicher Thiere*), a rendu très difficile ou même impossible la vie, non seulement des oiseaux qui se nourrissent de petits rongeurs, mais encore des très nombreuses espèces qui rendent de grands services en détruisant les vers et les insectes; l'existence de ces oiseaux est menacée par suite de cette dénudation des champs, voici de quelle manière : la plupart des insectivores ont le vol faible, et, quand ils traversent de grands espaces découverts, comme ils doivent souvent le faire dans leurs migrations, ils se fatiguent rapidement. Alors ils sont heureux de trouver un lieu de repos et de refuge sous le couvert d'un arbre, d'un arbrisseau ou d'un buisson. Lorsque ces abris viennent à manquer, les petits voyageurs, brisés de fatigue, se trouvent fatalement à la merci des éperviers et des petits faucons, qui, grâce à leur agilité, saisissent facilement le gibier au vol. Au contraire, les oiseaux perchés ne sont jamais assaillis par les petits faucons. »

D'après M. Barbier-Montault (*L'Acclimatation*, 1878, p. 464), le préjudice, énorme cependant, que causent aux oiseaux insectivores les enfants qui détruisent les nids et les œufs ne serait rien auprès du mal que font les agriculteurs en défrichant les landes et les bruyères et en arrachant les haies qui jadis entouraient les champs. Les oiseaux insectivores ne rencontrent plus les abris qui leur convenaient pour y vivre commodément et y élever leur famille au centre d'un terrain où ils trouvaient en abondance la nourriture qui leur était nécessaire. C'est à la même cause que M. Sélys-Longchamps attribue (*Considérations sur le genre Mésange. Bulletin de la Société zoologique de France*, 1884) la diminution considérable qu'il a constatée dans le nombre des mésanges qui vivent dans la province de Liège (Belgique).

L'établissement des lignes télégraphiques le long des voies ferrées a été certainement très préjudiciable aux oiseaux de passage, et le docteur Elliot Coues, dans l'*American Naturalist*, évalue à quelques centaines de mille les passereaux, échassiers et palmipèdes qui perdent la vie en se heurtant pendant la nuit, ou même en plein jour, contre les fils télégraphiques. Pour montrer que cette évaluation n'a rien d'exagéré, le naturaliste dont je viens de citer le nom rapporte que, au mois d'octobre, voyageant à cheval le long de la ligne télégraphique, de Denver (Colorado) à Cheyenne (Wyoming), il a compté lui-même, sur un espace de 3 milles, les cadavres de cent oiseaux gisant sous les fils.

Enfin, on ne saurait se faire une idée de la prodigieuse quantité d'oiseaux qui ont trouvé la mort auprès des phares. Les phares, en effet, sont souvent placés sur les grandes routes que les espèces émigrantes suivent dans leurs voyages, et, par leurs lumières, ils attirent et éblouissent les oiseaux, qui viennent se briser la tête contre les glaces de la lanterne et contre les murailles de la tour, ou qui se laissent prendre, soit à la main, soit dans des pièges grossiers. C'est ce qui arrive notamment sur l'îlot de Helgoland, qui est précisément situé sur la route que suivent les oiseaux migrateurs allant de l'Afrique et des contrées méridionales de l'Europe aux plaines boréales, où se trouvent leurs lieux de reproduction. Sur ce point, on a pu capturer, en une seule nuit, jusqu'à 5,000 alouettes, et, à diverses reprises, on a obtenu des espèces extrêmement rares ou complètement étrangères à la faune de nos contrées.

Sur les côtes de la Méditerranée, il se passe quelque chose d'analogue, car un avocat, M. Nonay, dont le témoignage est cité par M. le docteur Turrel (*Bulletin de la Société d'acclimatation*, 3ᵉ série, t. 1ᵉʳ), a vu prendre, au mois d'avril, 125 douzaines d'oiseaux insectivores par le gardien d'un phare.

Grâce à ces causes multiples, qui déciment les oiseaux lors de leurs migrations périodiques, qui entravent leur propagation ou qui les font périr par milliers dans leurs antiques retraites, des vides nombreux se sont produits, depuis un ou deux siècles, dans la population ornithologique de notre pays comme dans celle des autres contrées. Par suite, l'équilibre qui existait primitivement se trouve rompu, les harmonies naturelles sont fatalement troublées. La disparition ou simplement l'éloignement momentané de telle ou telle espèce carnivore ou granivore a nécessairement pour conséquence le développement inusité d'une autre espèce, animale ou végétale. Or, de trois choses l'une, l'espèce qui prend ainsi de l'extension est utile, elle est indifférente, comme disent les naturalistes allemands, ou elle est franchement nuisible. Dans les deux premiers cas, la disparition de l'espèce carnivore ou granivore servant de modérateur n'affligera que le savant et l'artiste, qui seront privés d'un élément d'étude, d'un sujet d'admiration; dans le dernier cas, au contraire, elle intéressera directement l'agriculteur en permettant la multiplication des rongeurs et des insectes nuisibles, la propagation des plantes parasites.

Malheureusement le dernier cas est de beaucoup le plus fréquent. Parmi les oiseaux détruits par l'homme depuis les temps historiques, c'est à peine si l'on pourrait citer deux ou trois espèces nuisibles et quelques espèces indifférentes, tandis qu'on trouverait un grand nombre d'espèces utiles, au moins au point de vue alimentaire. D'autre part, il est certain que parmi les oiseaux dont l'existence est menacée l'immense majorité se compose d'espèces auxiliaires. Assurément, il faut se féliciter de voir diminuer le nombre des rapaces qui se nourrissent de gibier à plumes et de passereaux insectivores; mais ne paraît-il pas préférable de protéger directement ce même gibier, ces mêmes passereaux, de les ménager et d'assurer leur reproduction. Que signifient quelques couples de perdrix ou de cailles arrachées des serres d'un aigle, quelques fauvettes sauvées des attaques d'un milan en comparaison des milliers de gallinacés massacrés dans des battues, des myriades de becs-fins étranglés dans des collets? A quoi sert de tuer les pies et les corneilles qui brisent les œufs des petits oiseaux, si l'on déniche ces mêmes œufs, si l'on jette à bas les nids, si l'on chasse les parents de leurs dernières retraites?

Pour se faire une idée du dommage que cette imprévoyance cause à l'agriculture, il suffit de jeter les yeux sur les chiffres cités par le docteur Gloger, par Toussenel, par M. Lefèvre, par Florent Prévost, par l'abbé Vincelot, par M. Châtel, par M. de Quatrefages, par M. Froidefond, par M. Millet, par M. Lescuyer, par M. de la Sicotière, par le docteur Brehm, par le docteur Altum, par M. Cretté de Palluel et par une foule d'auteurs dignes de foi. Ces naturalistes estiment à quelques centaines le nombre de souris et de campagnols qu'une chouette ou un hibou détruit dans une campagne, à 4,300 le nombre de chenilles qu'un couple de moineaux apporte à ses petits, à 9,000 le nombre d'insectes dévorés par une nichée de troglodytes depuis leur éclosion jusqu'à leur développement complet, à 16,320 le nombre de mouches et de moucherons qu'une hirondelle capture pendant les cinq ou six mois qu'elle passe dans nos contrées, et à 5,760 le nombre d'insectes adultes, de chenilles et de larves consommés en une quinzaine de jours par une petite troupe de mésanges bleues. Quant au nombre de fruits que peut coûter la destruction d'un couple d'oiseaux insectivores, on l'a évalué à 225,000, en tenant compte des dégâts que causent les mouches et les larves dans les jardins et les vergers. Ces chiffres, qui reposent sur des observations sérieuses et maintes fois répétées, n'ont pas besoin de commentaires. Aussi je ne sais sur quelles données s'appuie M. P. Wickevoort Crommelin quand il écrit, dans une lettre adressée à M. Olphe-Gaillard (*Revue et Magasin de zoologie*, 1875, p. 24): «Quant à la prétendue utilité de plusieurs oiseaux pour l'agriculture, je pense avec vous qu'elle est souvent fort douteuse, ou du moins variable, et surtout la plupart du temps très difficile à prouver.» Je ne comprends pas davantage comment M. H. Sclafer, dans son livre intitulé la *Chasse et le Paysan* (Paris, 1868), peut poser cette question: «Les petits oiseaux sont-ils utiles à l'agriculture?» et surtout comment il peut y répondre en ces termes: «Ils consomment très peu de larves, d'insectes et pas du tout de chenilles. En amorçant des trébuchets avec des chenilles, je n'ai pu prendre aucun oiseau. La poule et le canard ne mangent pas de chenilles».

La même opinion se trouve exprimée, à peu près dans les mêmes termes, par M. Paul Eymard, dans sa brochure sur la *Chasse aux petits oiseaux.* Cet auteur déclare formellement, en effet, «que les petits oiseaux ne peuvent rien contre les insectes à l'état de fléau. Quand la quantité est normale, dit M. Eymard, il est certain que les oiseaux gros et petits concourent à ce grand équilibre de la nature qui veut que, par suite d'une loi toute providentielle, les animaux se nourrissent presque tous les uns des autres; jusqu'à l'homme lui-même, qui fait servir la plupart des animaux à sa nourriture. Quant aux services rendus par les petits granivores qui se nourrissent de graines de mauvaises herbes et purgent les champs de ces végétaux nuisibles, je répondrai que le discernement des oiseaux n'est pas grand et que le mal qu'ils font aux récoltes dépasse souvent le bien qu'ils produisent». À l'appui de ce qu'il avance, M. Eymard cite divers exemples, et il conclut en disant que «si les petits oiseaux rendent quelques services en mangeant quelques insectes et quelques mauvaises graines, ils commettent des dégâts encore bien plus grands en dévorant nos récoltes, tant en graines qu'en fruits».

Les conclusions de M. Wickevoort Crommelin, de M. Sclafer et de M. Eymard sont, je dois le dire, en désaccord formel, absolu, avec celles qu'ont formulées la plupart des observateurs les plus compétents, d'après des observations très soigneusement faites. En effet, ce n'est pas, comme le prétend M. Eymard, *quelques* mauvaises graines, *quelques* insectes, mais *d'énormes quantités* de mauvaises graines, des milliers et des millions d'insectes que les oiseaux détruisent annuellement, et si les oiseaux sont actuellement impuissants contre les fléaux qui dévastent nos cultures, cela tient certainement à ce qu'ils sont en trop petit nombre et à ce qu'ils ne trouvent chez l'homme aucun appui, bien au contraire. D'autre part, si, comme le reconnaît l'auteur que je viens de citer, les granivores et les insectivores concourent déjà, dans des circonstances normales, à maintenir l'équilibre, cela ne me paraît nullement un service à dédaigner, puisque c'est précisément la rupture de cet équilibre qui produit le développement de certains fléaux.

Quant à l'assertion de M. H. Sclafer, que les passereaux ne mangent pas de chenilles, elle demande, je crois, confirmation, alors surtout que plusieurs naturalistes distingués citent formellement des débris de chenilles parmi les substances contenues dans l'estomac des gros-becs ou des becs-fins dont ils ont fait l'autopsie. Tout au plus pourrait-on admettre, *a priori*, l'aversion des petits oiseaux pour les chenilles poilues; mais en tout cas on ne saurait, comme le fait M. Sclafer, conclure du régime de la poule et du canard à celui d'un passereau.

La difficulté que l'on aurait à prendre des oiseaux dans des trébuchets amorcés avec des chenilles ne saurait non plus être invoquée comme une preuve de l'aversion que les oiseaux éprouveraient pour les larves d'insectes. On sait, en effet, que l'on réussit fort bien à capturer diverses espèces en prenant comme appâts des vers de farine, c'est-à-dire des larves d'insectes, et personne n'ignore que c'est avec ces mêmes vers, avec des mouches, du cœur de bœuf haché, de la viande coupée menu que l'on nourrit en captivité les fauvettes, les rossignols et les rouges-gorges. Ceci prouve tout au moins que les becs-fins recherchent surtout les aliments d'origine animale. Mais en observant ces mêmes oiseaux à l'état sauvage, on ne conserve plus le moindre doute à cet égard, et l'on voit que les sittelles, les grimpereaux, les mésanges, les merles, les fauvettes, les roitelets, les traquets vivent, au printemps et en été, de lépidoptères (et particulièrement de tinéites, ces papillons dont les chenilles causent d'énormes dégâts), de mouches, de cousins, de punaises, de sauterelles, d'araignées, de petits mollusques, de vers, et, en automne, de baies de merisier, de sureau, d'églantier, d'épine blanche, de ronce, en un mot principalement de fruits sauvages.

Que pourraient chercher les bergeronnettes au printemps et en automne quand elles cheminent dans les terres labourées derrière la charrue, si ce n'est des larves et des vermisseaux? Mais ce ne sont pas seulement les becs-fins qui se nourrissent d'insectes et de mollusques; les conirostres eux-mêmes ont aussi le même régime à certaines saisons, comme M. Froidefond l'a constaté directement en faisant l'autopsie de linottes, de farlouses, d'alouettes et d'autres fringilles. (*Rapport sur l'utilité des petits oiseaux*, 1877.)

Le loriot, dont M. Eymard ne parle pas mais qui est généralement condamné dans nos campagnes, offre un excellent exemple d'une espèce mal jugée sur des observations incomplètes.

« On considère généralement, dit M. Cretté de Palluel (*Bulletin de la Société d'acclimatation*, 1878), le loriot comme un oiseau nuisible qui se nourrit de baies, de fruits, de cerises en particulier; c'est une erreur qu'il importe de relever, car, loin de nuire aux arbres fruitiers et de consommer autant de fruits qu'on le suppose, il débarrasse nos plantations des insectes les plus nuisibles. En effet, à diverses époques, au moment de la maturité des cerises notamment, dans les localités où abondent les arbres portant ces fruits, sur ces arbres mêmes, j'ai capturé un grand nombre de loriots, et en examinant le contenu de leur estomac j'ai constaté que tous, sans exception, étaient gorgés d'insectes nuisibles; chez quelques-uns seulement j'ai trouvé, avec des insectes nuisibles, une faible quantité de fruits. Les lépidoptères, sous les divers états de larves, de chrysalides et de papillons, forment la base du régime alimentaire du loriot, avec quelques coléoptères, certains orthoptères et des fruits dans des proportions insignifiantes. Parmi les lépidoptères qui servent de nourriture habituelle au loriot, le plus grand nombre appartiennent aux espèces les plus nuisibles, les unes à nos cultures, les autres à l'homme. Le loriot ne digère pas les graines des fruits qu'il mange; c'est donc le propagateur naturel des arbres fruitiers et non leur ennemi. »

Le naturaliste anglais Macgillivray, dont le témoignage est invoqué par M. V. Châtel dans son plaidoyer en faveur des moineaux, affirme que sans ces oiseaux les jardins potagers des environs de Londres ne pourraient pas fournir un seul chou au marché de la capitale. M. Brehm attribue l'état prospère des arbustes et des arbres des jardins publics de Paris à la présence des moineaux qui pullulent au Luxembourg, aux Tuileries, au Jardin des plantes et dans les squares, et, suivant une communication du docteur Brewer, reproduite par l'auteur de la *Vie des animaux* (Oiseaux, p. 129), « les moineaux introduits à New York et dans les villes voisines y ont exercé une action très sensible sur les insectes nuisibles; pendant l'été de 1867, on les a vu faire une chasse active à ces insectes, ce qui a eu pour résultat la conservation du feuillage d'un très grand nombre d'arbres. Ces services sont appréciés; aussi a-t-on construit pour ces utiles auxiliaires des nids de paille et leur donne-t-on régulièrement de la nourriture dans les parcs de New-York et des autres villes ».

En 1869, on put aussi constater directement l'utilité des moineaux quand on eut lâché des centaines de ces oiseaux dans les jardins publics de Philadelphie, où les chenilles s'étaient multipliées d'une façon désespérante. En Australie, on a introduit également des moineaux pour détruire les insectes qui ravagent les vergers, et en Italie, où ces mêmes passereaux avaient été un instant proscrits, on a dû se hâter, à ce que nous apprend M. V. Châtel, de leur accorder de nouveau la plus large hospitalité.

Chaque année on expédie aux États-Unis de 400 à 500 bouvreuils, autant de chardonnerets, autant de grives et de rouges-gorges. Enfin, en 1876, une cargaison de passereaux de différentes espèces a quitté la Tamise à destination de la Nouvelle-Zélande, et, à leur arrivée, les petits émigrants ont été placés sous la sauvegarde de lois extrêmement sévères. Ces faits, qui sont consignés dans les *Bulletins* de la Société d'acclimatation et de la Société protectrice des animaux ainsi que dans le *Rapport* de M. de la Sicotière au Sénat, montrent qu'à l'étranger on est loin de juger les petits passereaux avec autant de sévérité que le fait M. Eymard.

Voici, d'autre part, ce que dit Lenz, observateur des plus consciencieux, au sujet de l'étourneau, c'est-à-dire de l'une des espèces si fortement chargées par M. Eymard : «L'étourneau est de tous les oiseaux celui dont l'utilité peut se démontrer le plus facilement. Lorsque les premiers petits sont éclos, les parents leur apportent à manger, le matin toutes les trois minutes, le soir toutes les cinq; ce qui fait le matin, pour sept heures, 140 limaces (ou sauterelles, chenilles, etc.), et le soir 84. Les deux parents mangent, eux, au moins 10 limaces par heure, soit 140 en quatorze heures; ainsi en un jour une famille d'étourneaux détruit 364 limaces. Lorsque les petits ont pris leur essor, ils en détruisent bien davantage. Puis vient la seconde couvée, et lorsque les petits qui la composent ont aussi pris leur volée, la famille se trouve composée de 12 membres, dont chacun mange par heure 5 limaces, soit en un jour 840 pour toute la famille.

«J'ai dans mon jardin 42 nids artificiels pour les étourneaux. Ils sont tous pleins, et, en admettant que chaque famille soit composée de 12 membres, ce sont 504 étourneaux que je fais entrer chaque année en campagne, et qui détruisent chaque jour 55,250 limaces. Autrefois les étourneaux ne se montraient qu'isolés dans les environs de Gotha. Il y a douze ans, je fis un premier essai de disposer pour eux des nids artificiels. Je n'eus jusqu'en 1856 aucun succès, par ce simple motif qu'aucun étourneau n'y pouvait entrer; l'ouverture en était trop étroite. Au commencement de l'année, un nouveau forestier arriva à Friedrichroda, mit partout des retraites convenablement construites et m'invita à suivre son exemple. Bientôt nous avions répandu l'élève des étourneaux dans tout le duché de Gotha et dans une grande partie de la forêt de Thuringe. Déjà, dans l'automne de 1856, on voyait des étourneaux près de tous les troupeaux de bœufs et par bandes quelquefois de 500 individus. En 1857, ils étaient devenus innombrables. Dans les roseaux de l'étang de Kumback, à une demi-lieue de Schnepfenthal, 40,000 étourneaux passaient la nuit; 100,000 dans ceux de l'étang de Siebleb, près de Gotha; 40,000 dans ceux de l'étang neuf, près de Waltershausen; soit, en tout, 180,000 étourneaux qui chaque jour détruisaient au moins 12 milliards 600 millions de limaces.» (Passage cité par Brehm. *Vie des animaux*, édit. franç. *Oiseaux*, t. Ier, p. 245.)

En traversant le Wurtemberg et la Bavière pour me rendre au Congrès de Vienne, j'ai pu voir dans un grand nombre de villages, le long de la voie ferrée, de ces nids d'étourneaux, en forme de petites cabanes, disposés au sommet d'une longue perche qui est elle-même fichée en terre au milieu d'un enclos, ou appliquée contre le mur d'une habitation.

M. Eymard se défend, d'ailleurs, de vouloir la destruction de toutes les espèces d'oiseaux et en toutes saisons; il déclare même qu'il appuiera toute législation et toute mesure administrative tendant à protéger les oiseaux et leurs nids. « Tant qu'ils sont sédentaires, dit-il, ce sont des hôtes que nous devons défendre contre leurs ennemis, et l'on ne saurait prendre de trop sévères mesures pour empêcher une destruction inutile et qui ne profite même pas à ceux qui la commettent.

« Mais une fois l'oiseau hors de son nid, après un séjour plus ou moins long, les chanteurs perdent leurs voix, les mâles perdent l'éclat de leur plumage d'amour, ils se rassemblent au fond des bois pour émigrer; en un mot, ils deviennent *gibier*. Dès que vient le mois de septembre, presque tous quittent le pays où ils ont vu le jour, ils s'engraissent, traversent nos contrées européennes et alimentent nos voisins, tandis que nous les laissons passer en leur accordant une protection dont ils ne profitent même pas, puisqu'ils vont tomber dans des pièges de peuples mieux avisés que nous. »

En résumé, M. Eymard considère le petit gibier « comme une manne céleste que la providence nous envoie pour que nous en fassions usage », et, en conséquence, il demande, dans le mémoire que j'ai sous les yeux et qui date de 1867, à la Société d'agriculture de Lyon, de prier M. le sénateur, préfet du Rhône, de rétablir la chasse aux filets dans le département, sauf à fixer dans quelles conditions et à quelles époques elle pourrait se pratiquer.

Les propositions de M. Eymard ayant été renvoyées à une commission dont M. E. Mulsant était le rapporteur, furent, j'ai le regret de le dire, appuyées par cette commission, qui exprima les vœux suivants :

« 1° Faire exercer par les gardes champêtres une surveillance plus active pour empêcher la destruction des nids des oiseaux;

« 2° Permettre, à dater du 1er septembre jusqu'au 1er mars de chaque année, la chasse aux oiseaux de passage, soit à l'aide de filets, soit à l'aide de tous autres engins;

« 3° Assujettir cette chasse au filet à un permis, et n'en accorder l'exercice qu'aux propriétaires des champs sur lesquels elle peut avoir lieu, ou aux personnes auxquelles les propriétaires auraient accordé ce droit par écrit. »

Tout opposé fut le rapport que M. Froidefond fit à la Société d'agriculture de la Gironde le 4 juillet 1877, sur l'*Utilité des petits oiseaux en agriculture*, rapport auquel j'ai déjà fait plusieurs emprunts. Après avoir insisté sur les services que nous rendent l'alouette, la pipit, la linotte, la bergeronnette, et d'autres espèces de passereaux dont il avait fait l'autopsie et reconnus pour franchement insectivores, M. Froidefond proposait d'émettre un vœu favorable pour la protection des petits oiseaux et de leurs couvées « en prohibant d'une manière générale leur chasse, sur toute l'étendue du territoire, sans distinction de zone, et sans qu'il soit besoin de distinction d'espèces ou de variétés; mais en tolérant cependant la chasse au fusil, sans préjudice des dispositions administratives qui en règlent l'époque ».

Ces conclusions, mises aux voix, furent adoptées à l'unanimité, et copie du rapport a dû être transmise à MM. les Ministres. Quelques années auparavant, la cause des oiseaux insectivores avait été déjà défendue d'une façon éloquente par M. Émile Lefèvre, dans la brochure intitulée : *Tous les oiseaux sont utiles.* (Paris, 1869. Librairie agricole de la *Maison rustique*).

Je pourrais citer encore plusieurs pétitions adressées à la Chambre des députés et réclamant une protection plus efficace des petits oiseaux, rappeler des vœux formulés dans le même sens, à diverses reprises, par les conseils généraux, reproduire les do-léances qui, cette année encore, ont été exprimées par les sociétés d'agriculture; mais les exemples que j'ai invoqués suffisent largement, je crois, pour montrer le danger que fait courir à l'agriculture la destruction en masse des oiseaux insectivores, les pertes qui résultent pour la fortune publique de la diminution croissante du gibier et le désir presque unanime de voir cesser un pareil état de choses.

Il y a longtemps que l'on a senti le besoin d'améliorer cette situation, qui s'aggrave tous les jours, en modifiant profondément les règlements sur la chasse en vigueur de-puis le 3 mai 1844; toutefois c'est seulement à la fin de l'année 1874 qu'un projet de loi dans ce sens fut présenté à l'Assemblée nationale. Ce projet, dans son ensemble, donnait satisfaction aux vœux formulés par la Société protectrice des animaux, confor-mément aux conclusions d'un rapport de M. Millet; mais, par suite de diverses circon-stances, il ne put être voté et fut renvoyé à la Commission, qui eut à examiner bientôt un contre-projet amendé par le Conseil d'État, et un troisième projet présenté par MM. de la Sicotière, Grivart et le comte de Bouillé. En combinant ces trois projets, la Commis-sion arriva à une rédaction définitive, dont les paragraphes furent discutés et défendus avec un grand talent par M. de la Sicotière, dans le rapport qu'il fit au Sénat en 1877. Par des chiffres et des arguments irréfutables, M. de la Sicotière démontra l'utilité des oiseaux insectivores et la nécessité de leur assurer une protection plus efficace en substi-tuant à la loi de 1844 les articles plus clairs, plus précis et en même temps plus sé-vères du nouveau projet. Parmi ces articles, dont le texte est entre vos mains, Monsieur le Ministre, il y en a plusieurs en effet qui offrent une supériorité incontestable sur les prescriptions actuellement en vigueur. Tel est entre autre l'article 5 du titre III, qui, s'il eût été adopté, aurait introduit dans notre législation des principes excellents, à savoir la reconnaissance d'un groupe d'oiseaux utiles à l'agriculture et l'interdiction d'y porter atteinte *en quelque saison que ce fût*. Il constituait donc un très grand progrès sur l'article 9 de la loi de 1844, autorisant tacitement la destruction de toute espèce d'oiseaux pendant la période de chasse. Le seul reproche que l'on pût lui adresser, c'était de ne pas définir exactement ce qu'il fallait entendre par *oiseaux utiles*. Il n'y avait pas là cependant un oubli de la part des auteurs du projet, qui, d'après M. de la Sicotière, n'avaient pas délimité strictement le groupe des oiseaux utiles afin de per-mettre l'introduction dans ce groupe de nouvelles espèces dont les services auraient été constatés ou la suppression d'autres espèces dont la multiplication exagérée serait deve-nue préjudiciable à l'agriculture. Les conseils généraux, les préfets et les sociétés agri-coles devaient, à cet égard, fournir au Ministre de l'agriculture les éléments nécessaires pour la rédaction de listes d'oiseaux utiles et d'oiseaux nuisibles qui seraient définitive-ment fixées par un décret du Président de la République. Dans une troisième catégorie, les auteurs du projet proposaient de ranger les oiseaux assez nombreux qui ne sont, à proprement parler, ni utiles ni nuisibles à l'agriculture, et qui pourraient, comme par le passé, être chassés avec le reste du gibier, aux époques, avec les restrictions et sous les conditions déterminées par la loi sur la chasse de 1844.

Enfin ces listes devaient être dressées par zone et par groupes de départements, et non par département, comme le demandait la minorité de la Commission, ou sur un type unique et uniforme pour toute l'étendue de la France, comme le portait le projet du Conseil d'État. Il avait en effet paru préférable de laisser au Gouvernement une certaine latitude. Cependant M. de la Sicotière ne se dissimulait pas que les listes ainsi dressées rencontreraient fatalement des contradicteurs, qu'on les trouverait trop longues et qu'on contesterait l'utilité de quelques-unes au moins des espèces qu'elles comprendraient. Et en effet c'était là, à mon avis, un des inconvénients du projet. Les espèces qui séjournent dans notre pays ou qui le traversent dans leurs migrations sont au nombre de plusieurs centaines, et, dans ce chiffre, les espèces utiles ou indifférentes entrent certainement pour les trois quarts, si ce n'est pour les cinq sixièmes. Dans ces conditions, n'est-il pas plus simple de dresser deux listes seulement, comprenant : l'une les *oiseaux nuisibles*, l'autre les *oiseaux gibier*, et de déclarer que tous les oiseaux qui ne sont pas compris dans l'une ou l'autre de ces listes sont considérés, en *bloc*, comme utiles, et comme tels placés en toute saison sous la sauvegarde des lois, et ne pourront être placés *temporairement* dans la catégorie des oiseaux *nuisibles* ou indifférents qu'après une enquête minutieuse ?

Cependant, je dois le reconnaître, il y a un certain nombre de pays où, suivant le système proposé par M. de la Sicotière, il a été dressé des listes d'oiseaux dont la capture est absolument interdite. C'est ce qui a été fait notamment en Prusse (ordonnance rendue en vertu de la loi du 11 mars 1856) et en Bavière (ordonnance royale du 4 juin 1866). Un catalogue d'oiseaux utiles pouvant être compris dans un règlement de protection internationale a été rédigé également par le Congrès des agriculteurs et forestiers allemands, le 24 décembre 1866, et se trouve mentionné dans le *Rapport* de M. de la Sicotière. Quoique plus compliqué que les listes dressées sur les indications des professeurs du Muséum, ce catalogue ne renferme pas cependant quelques espèces dignes d'intérêt, telles que la chouette effraye et l'engoulevent. En revanche, on y voit figurer le vanneau, qui est généralement considéré comme gibier, et dont les nids et les couvées méritent en effet d'être sauvegardés, et quelques oiseaux de mer, goélands et labbes ou stercoraires, que nos lois françaises ont toujours laissés sans défense.

Dans une brochure intitulée : *Les oiseaux de mer, leur utilité au point de vue de la navigation et de la pêche* (Nantes, 1875), et dans une pétition adressée au Sénat le 22 février 1877, un conducteur des ponts et chaussées, demeurant à Belle-Isle-en-Mer, M. Gouëzel, avait cependant déjà insisté sur les services que peuvent rendre les oiseaux pélagiens dont les mérites avaient été signalés précédemment par l'abbé Vincelot (*Les noms des oiseaux*, etc.), et par Toussenel, le spirituel auteur du *Monde des oiseaux*. « Il est incontestable, en effet, dit M. de la Sicotière dans son *Rapport*, que par leur vol et leur cri ils (les oiseaux de mer) annoncent au marin non seulement l'approche de la terre ou de la tempête, mais la présence de certains poissons, le voisinage des bas-fonds et des écueils que le balisage serait impuissant à signaler en temps de brume et sur lesquels la végétation sous-marine appelle et nourrit une foule de petits poissons et de coquillages qui servent eux-mêmes de nourriture à ces oiseaux. Ils assainissent aussi les rivages, en dévorant les débris de poissons qu'y rejette la vague et qu'un séjour prolongé pourrait transformer en foyers d'infection. »

Aussi ne saurait-on trop approuver le Gouvernement de la Grande-Bretagne d'avoir, par la loi du 24 juin 1869, dont M. de la Sicotière a donné un extrait, essayé d'assurer la conservation non seulement des mouettes, des sternes, des noddis, des pétrels,

des puffins, des cormorans, des fous, des guillemots, des pingouins et des maca-
reux, mais encore des huîtriers, des pluviers, des tadornes, des eiders, des macreuses
et d'autres espèces qui se nourrissent soit d'animaux marins, soit de débris rejetés par
les flots.

Depuis le 10 août 1872, il existe également en Grande-Bretagne une loi pour la
protection, entre le 15 mars et le 1er août, d'un certain nombre d'oiseaux sauvages.
Et, sous ce titre d'oiseaux sauvages, une liste annexée à ladite loi mentionne,
outre les rapaces nocturnes, grimpeurs, syndactyles et passereaux déjà portés sur les
listes allemandes, un grand nombre d'autres espèces de passereaux, de gallinacés,
d'échassiers et de palmipèdes. On y trouve notamment le casse-noix, le bec-croisé,
la caille, le gauga des sables, le lagopède, l'œdicnème, les pluviers, la bécasse, la
bécassine, le bécasseau, le sanderling des sables, les chevaliers, les guignettes, les
phalaropes, les tourne-pierres, les combattants, les vanneaux, les échasses, les avo-
cettes, les barges, les courlis, les spatules, le butor, les foulques, les poules d'eau,
le râle de genêt, les fuligules, les macreuses, les canards, les sarcelles et les
cygnes.

En Bohême, une ordonnance, en date du 28 décembre 1859, et rappelant les dispositions d'ordonnances antérieures, interdit, sous peine d'amende, la destruction, la
capture et la vente des oiseaux insectivores, de leurs nids, œufs et couvées, et, en
Autriche, la loi du 10 décembre 1868 subdivise les oiseaux en : 1° oiseaux nuisibles;
2° oiseaux utiles au premier degré; 3° oiseaux utiles au deuxième degré; 4° gibier, ce
qui, dans la pratique ne laisse pas que d'être très compliqué. Aussi l'Union ornithologique de Vienne, ayant été consultée par M. le Ministre de l'agriculture d'Autriche-
Hongrie sur les réformes qu'il y aurait lieu d'introduire dans la loi de 1868, proposa
diverses modifications destinées à rendre les règlements plus clairs, plus simples et
plus facilement applicables.

Les réformes ne devaient, suivant les premières intentions du Ministre de l'agriculture, ne s'appliquer qu'à l'Autriche proprement dite; mais les auteurs du rapport
firent observer avec raison que, pour rendre les réformes vraiment efficaces, il serait
nécessaire de leur donner plus d'extension et surtout de faire concorder les lois de
chasse actuellement en vigueur dans les différentes contrées de l'Empire austro-hongrois. En conséquence, MM. de Pelzeln et d'Enderes soumirent à l'examen du Ministre
un projet de loi qu'il serait trop long de reproduire ici et dont les premiers articles
établissaient la défense absolue de prendre, de tuer ou de vendre les adultes, d'enlever
les jeunes et les œufs ou de détruire les nids de quelque espèce d'oiseaux que ce fût,
à l'exception de celles qui rentraient dans l'une des trois catégories suivantes :

A. Les oiseaux domestiques;

B. Le gibier à plumes, c'est à dire toutes les espèces sauvages appartenant aux
groupes des pigeons, des gallinacés, des oiseaux d'eau ou de marais, dont l'enlève-
ment, la capture et le commerce étaient déjà soumis aux règlements de la police de
la chasse;

C. Les espèces suivantes :

1° Le gypaète ou lämmergeier (*Gypaëtus barbatus* [L.]);
2° Tous les aigles (*Aquilæ*);

3° Le faucon pèlerin (*Falco peregrinus* [L.]);

4° Le faucon lanier (*Falco laniarius* [L.]);

5° Le hobereau (*Falco subbuteo* [L.]);

6° Le milan royal (*Milvus regalis* [Briss.]);

7° Le milan noir (*Milvus ater* [Briss.]);

8° L'autour (*Astur palumbarius* [L.]);

9° L'épervier (*Astur nisus* [L.]);

10° Les busards (*Circi*);

11° Le grand-duc (*Bubo maximus* [Ranz.]);

12° La pie-grièche grise (*Lanius excubitor* [L.]);

13° La pie-grièche d'Italie (*Lanius minor* [Gm.]);

14° La pie (*Pica caudata* [L.]);

15° Le grand corbeau (*Corvus corax* [L.]);

16° La corneille (*Corvus corone* [L.]);

17° La corneille mantelée (*Corvus cornix* [L.]);

18° Le geai (*Graculus glandarius* [L.]).

En vertu de l'article 7 du même projet, les professeurs et les instituteurs devaient être requis, par leurs supérieurs hiérarchiques et par les magistrats des communes, d'avoir à enseigner aux enfants les inconvénients qui résultent pour l'intérêt général de la destruction des nids, et de montrer à leurs élèves les conséquences que pourrait entraîner pour eux le manquement aux règlements établis. Les autorités municipales étaient également invitées à tenir la main à ce qu'un modèle de nid artificiel (littéralement boîte à nicher, *nistkätschen*) figurât constamment dans la collection des objets destinés à l'enseignement de chaque école. Par l'article 8, les propriétaires étaient obligés de souffrir l'établissement, *dans la partie non close de leurs propriétés*, de nids artificiels installés par les soins de la commune.

L'article 9 conférait aux autorités politiques le droit d'autoriser certaines personnes à capturer sur le territoire de la commune ou du district où ces personnes auraient leur résidence des oiseaux *vivants* et à en faire commerce. Toutefois il était bien stipulé que des autorisations de ce genre ne pourraient être accordées que dans certaines conditions et après une enquête favorable, et qu'elles ne seraient valables que du 1er mars ou du 15 février au 1er juillet.

Enfin des dérogations à la loi protectrice des oiseaux pouvaient être également autorisées dans un but scientifique.

Je n'ai pas à discuter les avantages ou les inconvénients de ce projet, je dirai seulement que si quelques-unes de ces dispositions sont peut-être en France d'une application difficile, d'autres au contraire peuvent être utilement introduites dans notre législation. Tel est, par exemple, le droit concédé à l'autorité supérieure d'autoriser, sous certaines réserves, les hommes de science à se procurer, *en toutes saisons*, *les oiseaux destinés à leurs études ou à des collections publiques*. Il y a quelques années déjà, M. Olphe-Gaillard a demandé (*Rev. et Mag. de zoologie*, 1875, p. 22) que le naturaliste collectionneur ne fût pas plus longtemps confondu avec le braconnier, et, comme j'aurai sans doute l'occasion de le rappeler, plusieurs membres du Congrès de Vienne ont aussi présenté à cet égard de pressantes réclamations. Il est certain, en effet, que dans plusieurs contrées où des milliers d'oiseaux sont pris clandestinement et livrés ostensiblement à la consommation, les directeurs de musées ont beaucoup de peine à se procurer les spécimens destinés à représenter dans leurs galeries la faune indigène. En France, par exemple, les personnes attachées au Muséum d'histoire naturelle sont actuellement privées de chasser en toutes saisons dans certaines parties des forêts de l'État, droit qui leur avait été accordé précédemment. Il en résulte qu'il est impossible de faire figurer dans les collections publiques des passereaux indigènes en plumage de noces, ou de remplacer les nids et les œufs détériorés par le temps.

Il serait, d'autre part, extrêmement désirable que les agriculteurs se décidassent à suivre le conseil qui leur est donné par M. Barbier-Montault (*L'Acclimatation*, 1877, p. 465, et *Bulletin de la Société d'agriculture de Poitiers*) et à placer eux-mêmes des nids artificiels dans leurs propriétés; il faudrait même, comme le proposent les membres de l'Union ornithologique de Vienne, que les communes fussent autorisées par la loi à faire disposer à leurs frais de semblables abris sur les terres des propriétaires qui ne voudraient ou ne pourraient supporter cette légère dépense; mais en attendant n'y aurait-il pas lieu de donner plus d'extension à l'essai commencé au bois de Vincennes, en accrochant aussi des nids artificiels aux arbres du bois de Boulogne, des Champs-Élysées, du Luxembourg, des Tuileries, des Buttes-Chaumont, des squares municipaux, ou même aux arbres des grandes forêts domaniales? Pour la construction et la disposition de ces nids, on pourrait utilement s'inspirer des modèles adoptés à l'étranger, et principalement en Allemagne et en Autriche.

Rien ne serait plus facile aussi que de pratiquer dans les murs des propriétés privées ou des jardins publics, en dehors des allées fréquentées, des excavations analogues à celles qu'un ornithologiste distingué, M. Vian, a fait creuser dans les murs de sa propriété de Bellevue, près Paris, afin de fournir des abris aux couvées des rouges-queues, des rossignols de murailles et autres insectivores.

Enfin, en faisant figurer dans les collections destinées à l'enseignement dans les écoles d'agriculture les modèles des nids artificiels adoptés par l'Administration, en invitant les professeurs à signaler à leurs élèves l'utilité de ces abris, on arriverait sans doute à donner satisfaction à quelques-uns des vœux si légitimes exprimés par l'Union ornithologique de Vienne.

En comparant la diminution rapide des oiseaux utiles et du gibier à plumes avec les mesures prises jusqu'à ce jour pour combler les vides ou prévenir de nouveaux dommages, on est forcé de reconnaître que ces mesures sont généralement insuffisantes et que, si plusieurs États de l'Europe et de l'Amérique septentrionale ont essayé de remédier à une situation déplorable, la Suisse est le seul pays qui ait recouru sans hésitation à des dispositions radicales pour couper le mal dans sa racine. Or, il est évident que de semblables tentatives ne doivent pas rester isolées. Pour être réellement efficace, la protection des oiseaux doit s'exercer sur une grande partie du globe habité, et c'est précisément à imprimer aux mesures prises la vigueur, l'ensemble et l'harmonie qui leur ont manqué jusqu'ici que devaient tendre les efforts du Congrès ornithologique de Vienne.

Tous les membres de cette assemblée étaient dévoués à la cause des oiseaux utiles, mais tous n'obéissaient pas aux mêmes préoccupations, tous n'étaient pas guidés par le même ordre de considérations. Ainsi quelques-uns de mes honorables collègues ont, dans la discussion, mis en avant des arguments analogues à ceux que M. Lescuyer avait déjà fait valoir dans son mémoire sur les oiseaux de passage et ont fait ressortir surtout le rôle esthétique des oiseaux dans la nature, tandis que d'autres se sont attachés exclusivement à démontrer les services que certaines espèces rendent à l'agriculture. Parmi ceux qui se sont placés au premier point de vue, je citerai M. le docteur Altum, qui a vivement insisté pour que le Congrès ne considérât pas seulement le côté utilitaire de la question.

En s'enfermant dans des limites aussi étroites, on serait, dit M. Altum, fatalement conduit à condamner une foule d'espèces dont l'utilité est contestable, ou du moins ne peut être rigoureusement prouvée, et notamment le rollier, le gobe-mouches, la pie-grièche et l'alouette. En conséquence l'orateur a demandé au Congrès de voter la résolution suivante :

« Dans la question de la protection des oiseaux, il sera tenu compte, non seulement de l'utilité agricole, mais de la valeur esthétique des différentes espèces, et, dans le cas où l'utilité pratique et la valeur esthétique se trouveront en balance, c'est à la dernière qu'on donnera la préférence.

« Les oiseaux classés comme gibier resteront soumis aux lois sur la chasse; pour des motifs scientifiques lors du passage d'espèces exceptionnellement rares, ou dans le cas de nécessité absolue, il pourra être dérogé aux lois de protection des oiseaux.

« Ces lois s'appliqueront à toutes les espèces indigènes, à l'exception du gibier à plumes et des oiseaux ci-dessous désignés :

« 1° Les rapaces (sauf la buse vulgaire, la buse bondrée, l'aigle criard, la buse pattue, la cresserelle et le faucon kobez);

« 2° Le grand-duc;

« 3° Le martin-pêcheur;

« 4° Toutes les pies-grièches;

« 5° Tous les fringilles;

« 6° Tous les corbeaux;

« 7° La foulque morelle;

« 8° La poule d'eau;

« 9° Les hérons.

« Les palmipèdes qui ne rentrent pas dans la catégorie du gibier à plumes, comme les harles (*Mergus*), les cormorans (*Haliœus*), les hirondelles de mer (*Sternœ*), les goélands (*Larus*), les labbes (*Lestris*), les pétrels (*Procellaria*), les pingouins (*Alaidœ*), les manchots (*Eudyptes*), les plongeons (*Colymbus*). »

En d'autres termes, M. le docteur Altum, dans sa proposition, a adopté précisément la méthode que je signalais tout à l'heure comme la plus pratique, puisque, au lieu d'énumérer longuement tous les oiseaux qui méritent d'être protégés, il a désigné seulement ceux qui peuvent (et non qui doivent) être détruits.

Mais peut-être est-il allé trop loin dans cette voie en inscrivant en bloc dans sa liste tous les fringilles, tous les corbeaux, toutes les sternes, et en laissant aux intéressés la latitude de choisir dans ces groupes les espèces auxquelles, suivant les circonstances, pourront être rendus les bénéfices de la protection.

La Société ornithologique suisse a soumis de son côté un mémoire en langue allemande rédigé par son président, M. Greuter-Engel, et par son secrétaire, M. Stachelin, et contenant des opinions assez différentes de celles qui ont cours en Autriche et en Allemagne. Les auteurs de ce mémoire estiment, en effet, que l'on s'est montré trop sévère envers les peuples du midi, et particulièrement envers les Italiens, lorsqu'on leur a reproché, souvent en termes assez vifs, de massacrer chaque année d'énormes quantités de petits oiseaux; on a oublié, disent MM. Greuter-Engel et Stachelin, que telle espèce ornithologique qui est utile dans une contrée peut, dans une autre contrée et dans d'autres circonstances, perdre ses qualités bienfaisantes et devenir extrêmement nuisible; on n'a pas tenu compte du changement qui survient dans le régime de certains oiseaux migrateurs, qui, en arrivant dans le sud, d'insectivores deviennent frugivores, et enfin on n'a point fait la part des habitudes invétérées des populations méditerranéennes qui se livrent à la chasse depuis un temps immémorial et qui y trouvent soit une distraction, soit un moyen d'améliorer leur alimentation. MM. Greuter-Engel et Stachelin regrettent évidemment la diminution graduelle que l'on constate dans le nombre des oiseaux chanteurs, mais ils pensent que pour l'arrêter il ne faut point recourir à des dispositions draconiennes qui seraient inapplicables dans le sud de l'Europe, les bases d'une loi protectrice des oiseaux devant à leur avis être extrêmement larges et ses prescriptions devant, dans une certaine mesure, respecter les coutumes locales; car autrement on viendra se heurter dans l'application contre des difficultés insurmontables, on ne fera qu'irriter le sentiment populaire et il s'écoulera dix ou vingt ans avant qu'on arrive à un résultat sérieux.

A ce propos, les honorables membres de la Société ornithologique suisse critiquent la convention qui a été conclue en 1875 entre l'Autriche-Hongrie et l'Italie, dans le but d'assurer législativement la conservation des oiseaux, convention qui, prétendent-ils, à l'heure actuelle n'est pas encore mise en vigueur et dont les articles paraissent absolument contraires aux habitudes des Italiens. Ils citent aussi ce qui est arrivé pour le projet de loi qui a été rédigé en 1873, au sein du Congrès des agriculteurs et des forestiers allemands, sur l'initiative du délégué suisse, M. de Tschudi, et dont les sept articles ont semblé tellement sévères que depuis cette époque ledit projet demeure enfermé dans les archives. Ils concluent en demandant que, dans les contrées méridionales de l'Europe, on défende l'établissement de nouvelles *aires* ou *uccellandas* destinés à la capture en masse des petits oiseaux, et l'emploi de ces filets que l'on nomme *paretelle* ou *tirasses* et dont la description a été donnée en 1881 dans le *Gefiedertes Welt*. Cependant ils croient qu'il y aurait lieu, comme disposition transitoire, de laisser subsister encore pendant dix ou quinze ans, en les frappant d'une surtaxe, les *uccellandas* qui existent actuellement et dont l'établissement a coûté souvent plus de 1,000 francs; ils ne voient point d'inconvénients à permettre la capture isolée des oiseaux, pourvu que les procédés employés n'aient rien de barbare, et à autoriser le commerce et la possession des oiseaux ainsi capturés.

En d'autres termes, MM. Greuter-Engel et Stachelin soutiennent la même thèse que les membres de l'Union ornithologique de Vienne; ils veulent aussi autoriser la capture d'oiseaux vivants, sous prétexte de ne pas priver de pauvres gens de distractions innocentes. Il est en effet parfaitement vrai que la capture de certains oiseaux ne cause pas grand dommage à la chose publique, et que les éleveurs d'oiseaux sont, en général, disposés à aimer et à protéger tous les oiseaux, même les oiseaux sauvages; mais on ne saurait en dire autant de l'oiseleur; qui ne voit que son bénéfice, qui ne cherche qu'à accroître le chiffre de ses prises, et qui est fatalement poussé à substituer à la *capture isolée* une *capture en masse*. Aussi il me semble qu'il ne suffit pas de décider que l'oiseleur ne pourra se livrer à son métier que du 1er septembre au 1er mars, mais qu'il faut exercer sur cette profession une surveillance rigoureuse et établir des mesures restrictives analogues à celles qui ont été proposées par l'Union ornithologique de Vienne. D'autre part, si l'on veut accorder, dans les pays du midi, un certain délai pour faire disparaître les *postes* et les *uccellandas*, il ne faut pas, je crois, les frapper d'une taxe quelconque, car ce serait jusqu'à un certain point reconnaître légalement des établissements que l'on condamne. MM. Greuter-Engel et Staehelin demandent, ce qui est naturel, que des autorisations de chasse puissent être exceptionnellement accordées pour des motifs scientifiques; mais ils réclament aussi, ce qui me paraît dangereux, pour le propriétaire rural, pour le fermier et pour les gens à leur service, le droit d'écarter ou même de détruire à coups de fusil, dans les champs, vignes et vergers (c'est-à-dire *dans des endroits généralement non clos de murs*), les oiseaux qui viennent s'abattre en bandes innombrables pour piller les semailles ou piller les fruits. Or, ce droit, une fois reconnu, équivaudrait, dans notre pays, à l'autorisation d'un port d'armes durant toute l'année et créerait au profit des propriétaires ruraux un véritable privilège, car il serait évidemment facile à celui qui voudrait enfreindre la loi, en chassant en temps prohibé, de soutenir qu'il n'agissait que pour la défense de ses cultures. En revanche, les honorables membres de la Société ornithologique suisse me paraissent avoir tout à fait raison quand ils s'élèvent contre l'emploi d'oiseaux aveugles comme appeaux et qu'ils demandent qu'on défende même la possession d'oiseaux ainsi mutilés. Enfin MM. Greuter-Engel et Staehelin demandent aussi que, tout en restreignant dans de justes limites le nombre des oiseaux de proie, on ne procède pas à leur extirpation radicale, et peut-être sont-ils dans le vrai, car personne ne peut prévoir les conséquences qu'aurait la disparition totale d'une espèce, et, comme je l'ai dit plus haut, la balance entre les services rendus et les dégâts causés par certaines espèces de rapaces n'est pas encore exactement établie.

Le docteur Palacky (de Prague) se déclara partisan des idées exposées par les membres de l'Union ornithologique de Suisse, et, considérant qu'il était impossible, dans les trois jours dont le Congrès pouvait disposer, d'arriver à élaborer une loi de protection des oiseaux, il demanda la création d'un comité permanent chargé d'étudier la question, de préparer des règlements et de surveiller l'application de ceux qui existent déjà et dont quelques-uns peuvent être considérés comme excellents.

Le docteur Russ (de Berlin), qui a pris la parole après le docteur Palacky, a fait remarquer, comme l'orateur précédent, que les séances du Congrès étaient trop peu nombreuses et le programme trop chargé pour qu'il fût possible d'entrer dans des questions de détail et de spécifier, comme l'avait proposé le docteur Altum, les espèces qu'il convient de protéger. En conséquence, il a demandé que le Congrès votât seulement la proposition suivante, conçue en termes assez généraux pour pouvoir être universellement acceptée: « Tous les oiseaux d'Europe qui vivent à l'état sauvage et qui ne sont pas soumis aux lois ordinaires de chasse ne pourront être ni capturés ni vendus comme gibier. »

En développant cette proposition, le docteur Russ a déclaré que, dans son idée, l'interdiction ainsi formulée devrait être appliquée avec la même rigueur à tous les pays, aussi bien à ceux du nord qu'à ceux du midi, et qu'en outre la destruction des oiseaux dits nuisibles ne devrait pas être abandonnée au premier venu.

L'opinion du docteur Russ a été appuyée par le professeur J. Talsky et par le docteur de Hayek. Ce dernier a fait observer toutefois que dans la proposition du docteur Russ il n'était question que des oiseaux *européens* et que la sollicitude du Congrès devrait s'étendre également aux oiseaux exotiques. D'autre part, M. de Hayek a exprimé le désir que le comité dont la création a été réclamée par M. le docteur Palacky eût un caractère officiel, qu'il fût composé de membres nommés par les divers gouvernements et qu'un bureau permanent fût installé afin d'établir des relations continuelles entre les éléments disséminés de ce comité.

La création d'une commission a été également demandée par le docteur V. Fatio, délégué officiel de la Confédération suisse et représentant, en même temps, de la Société suisse des chasseurs, *Diana*, et de la Société protectrice des animaux de Genève. Dans un discours qui a réuni de nombreux suffrages, M. Fatio a d'abord expliqué ce qu'il entendait par oiseaux utiles, ou en d'autres termes quelles étaient les espèces qu'il croyait devoir, pour des motifs divers, recommander à la sollicitude des législateurs de tous les pays.

Bien que la distinction ne soit pas toujours et partout très facile, on peut suivant M. Fatio, reconnaître chez les oiseaux deux sortes d'utilités, l'*utilité pendant la vie*, c'est-à-dire les services rendus à l'agriculture par certaines espèces, appartenant pour la plupart à l'ordre des passereaux, et l'*utilité après la mort*, c'est-à-dire les ressources que fournissent au commerce et à l'alimentation des espèces, d'ordres divers, généralement classées dans la catégorie du gibier. Ces deux genres d'utilités doivent être également prises en considération par le Congrès, et les oiseaux qui servent à l'alimentation et qui font directement partie de la fortune publique méritent d'être protégés au même titre que les oiseaux qui nous aident à améliorer notre situation agricole.

L'orateur a fait ressortir à ce propos les services que les autorités des autres pays pourraient rendre à l'agriculture, à la sylviculture et à l'alimentation publique, en ne laissant plus décimer les petits auxiliaires qui débarrassent nos campagnes de dangereux parasites, en ne permettant plus qu'au moyen de filets, de lacets et d'engins perfectionnés on réduise chaque année le nombre des oiseaux qui vont se reproduire dans des contrées lointaines, en défendant enfin que, dans ces contrées mêmes, les nids des espèces sauvages soient impitoyablement dépouillés. Pour faire comprendre l'iniquité de certaines destructions et de certains commerces, sanctionnés par l'habitude, M. Fatio a cité, comme je l'ai fait précédemment, l'exemple de la chasse aux cailles qui se pratique sur les côtes de la Méditerranée et qui cause un préjudice sérieux aux habitants des autres régions. Ceux-ci sont en effet obligés d'acheter, à beaux deniers comptants, de pauvres oiseaux expédiés dans des cages trop étroites, privés le plus souvent de nourriture et complètement épuisés par le voyage, au lieu de trouver dans leur propre pays un gibier qui viendrait tout naturellement s'y multiplier si l'on ne mettait obstacle à ses migrations.

«Je sais bien, a dit M. Fatio, que les autorités des contrées méridionales n'hésiteraient pas à entraver cette destruction et ce commerce illicites si la chose était facile. Eh bien, Messieurs, c'est à un Congrès international pour la protection des oiseaux de prêter main-forte aux États de bonne volonté et, par des mesures généralement applicables, de permettre à quelques-uns ce qui autrement eût été impossible chez eux. Continuer à autoriser l'introduction et le transit des produits de semblable industrie, c'est de fait approuver la chose et la favoriser; c'est là surtout et tout d'abord que nous devons intervenir. C'est donc au nom de l'agriculture ainsi que de la sylviculture, au nom du droit commun et au nom de l'humanité, comme au nom de la Suisse, de la Société suisse des chasseurs et au nom de la Société protectrice des

3

animaux, que je demande que, par tous les moyens possibles, les divers hauts-gouvernements s'efforcent d'obtenir :

« 1° L'interdiction durant la seconde moitié de l'hiver et au printemps de toute chasse aux oiseaux migrateurs, auxiliaires et gibier de passage;

« 2° La défense du commerce et de la vente, dans les mêmes saisons, des mêmes oiseaux migrateurs vivants ou morts et de leurs œufs;

« 3° La prohibition, en tout temps, de tous procédés ou engins destinés à capturer en masse les oiseaux en général, que ce soit un procédé capable de prendre ceux-ci en quantité à la fois, ou des pièges ou engins qui, disposés en grand nombre, puissent atteindre au même résultat;

« 4° La défense du commerce et de la vente, en tout temps, sauf exception motivée, des oiseaux généralement considérés comme auxiliaires.

« Enfin une deuxième proposition qui, bien que touchant plus directement à la propriété exclusive des différents pays, pourrait cependant être aussi, par la réciprocité, d'un excellent effet contre le braconnage, toujours plus encouragé par les facilités croissantes du commerce international, résiderait encore dans *la défense de la vente, sans autorisation spéciale, de tout gibier, en dehors du temps de chasse autorisé dans chaque État.*

« Il est évident que l'on n'arrivera pas partout complètement et du premier coup à réprimer des abus invétérés; toutefois je pense qu'avec le temps et de la fermeté on doit tendre toujours plus activement, par les moyens suscités, à une protection générale et légitime des oiseaux, si désirable à tous égards.

« Toute règle, et surtout toute règle générale, commandant forcément des exceptions, j'estime qu'en adoptant des prescriptions aussi sévères, chaque État pourra conserver cependant certaines latitudes prévues, pour des cas exceptionnels d'une importance reconnue, en vue de la science par exemple, pour la destruction des rapaces et carnassiers, ou bien encore lorsqu'une espèce trop abondante serait momentanément dangereuse.

« Considérant que ce n'est guère dans une assemblée aussi nombreuse que celle-ci que l'on peut élaborer un projet de loi protectrice internationale, je propose qu'une commission soit nommée par le Congrès, pour étudier au plus vite et aussi complètement que possible tant les *desiderata* des différents États européens que les voies et moyens pour arriver à une entente générale, ou à un concordat sur quelques points principaux susceptibles de fournir des prescriptions à la fois partout justifiables et partout applicables. Toutes questions de détail ou d'autorisations exceptionnelles justifiées seraient laissées à l'appréciation des autorités supérieures dans chaque pays. »

A son tour, M. E. d'Eynard, en sa qualité de président de la Société des chasseurs suisses, a spécialement insisté sur la nécessité d'assurer la conservation du gibier par des règlements internationaux. Il a, comme d'autres orateurs, indiqué les causes qui ont déterminé une diminution alarmante dans nos richesses cynégétiques, et il a demandé, comme M. Fatio :

1° Qu'il fût absolument interdit de faire la chasse aux oiseaux de passage durant la seconde moitié de l'hiver et du printemps;

2° Qu'il fût défendu, au printemps, de faire commerce d'oiseaux de passage vivants ou morts ainsi que de leurs œufs;

3° Qu'il fût, en tout temps, interdit de capturer en masse les oiseaux appartenant à la catégorie précitée.

D'autres observations furent présentées par les docteurs Leutner, Blasius et Schia-vuzzi, qui se montrèrent favorables à la création d'un comité international, et par le docteur Baldamus, qui parut regretter que le Congrès ne s'occupât point de la rédaction d'un catalogue d'oiseaux utiles et nuisibles, puis M. de Tschusi, voyant que les heures s'écoulaient sans qu'un résultat pratique ressortît de ces longs débats, émit l'idée de nommer une commission chargée de formuler quelques propositions très simples qui seraient soumises au Congrès dans une seconde séance et qui constitueraient une base solide pour la discussion. Cette idée fut accueillie avec une grande faveur par le Congrès, et la commission, nommée par acclamation, fut composée de MM. de Homeyer, Baldamus, Russ, Borggreve, A.-B. Meyer, de Hayek, Schier, Leutner, Schiavuzzi, Fatio, Girtanner, Giglioli, de Schrenck, Oustalet, Pollen, Collett, Thott, Baron de Berg et Brusina.

Le lendemain, cette commission tint une séance de près de quatre heures, dans laquelle plusieurs propositions émanant de MM. de Tschusi, de Pelzeln, de Hayek et Borggreve, vinrent se joindre à celles qui avaient déjà été soumises au Congrès par MM. Altum, Russ et Fatio et que leurs auteurs étayaient de nouveaux arguments.

M. Borggreve, qui critiqua vivement le projet de la Commission, proposa notamment :

« 1° De prier S. A. I. et R. le Prince héritier d'user de sa haute influence pour obtenir, par la voie diplomatique, des divers gouvernements de l'Europe et de l'Afrique septentrionale, qu'une protection légale fût accordée, pendant la première moitié de l'année et durant les années 1886, 1887 et 1888, aux espèces qui ne portent point directement préjudice aux intérêts de l'agriculture, de la chasse et de la pisciculture;

« 2° De demander à tous les ornithologistes qui seraient disposés à faire des observations dans une contrée déterminée, quelque petite qu'elle soit, de noter, dans des tableaux comparatifs, le nombre des paires d'oiseaux qui nichent ou qui nicheront dans la région durant les années 1884, 1885, 1886, 1887 et de communiquer ces tableaux soit à un deuxième et à un troisième congrès ornithologique, soit à une commission nommée par le premier congrès;

« 3° De renvoyer la rédaction des instructions concernant la période de 1886 à 1888 soit à un deuxième congrès convoqué par le Prince héritier ou par l'Union ornithologique, soit à une commission nommée à cet effet.

« 4° De voter en principe, pour le printemps de l'année 1888, la réunion d'un deuxième ou d'un troisième congrès, provoqué par l'initiative de l'Union ornithologique, et chargé de décider de l'opportunité du maintien ou du changement des dispositions précédemment adoptées. »

Mais de nombreuses objections furent faites à ces diverses propositions.

M. le professeur Giglioli fit observer notamment que certains articles soumis à la Commission par MM. Russ, Fatio, de Hayek, de Tchusi et de Pelzeln étaient déjà contenus dans la convention conclue le 10 novembre 1875 entre l'Autriche-Hongrie et l'Italie, et que d'autres rencontreraient en Italie une opposition insurmontable. Il déclara qu'il lui paraissait impossible d'apporter de nouvelles entraves à la capture de certains oiseaux dans quelques provinces de son pays, où tout le monde se livre à la chasse depuis des siècles.

M. le baron de Berch d'Heemstecede, délégué hollandais, insista particulièrement sur le côté juridique de la question, qui jusque-là avait été un peu trop négligé; il montra la nécessité de laisser à chaque État le soin de régler les points de détail et de restreindre le projet de loi internationale pour la protection des oiseaux à quelques principes généraux. En restant dans ces limites, on aurait, dit-il, beaucoup plus de chances d'arriver à un résultat pratique qu'en adoptant quelques-unes des propositions qui ont été soumises à la Commission et qui, pour la plupart, seraient d'une application très difficile.

Cette manière de voir coïncidait si bien avec mes sentiments personnels que je l'ai vivement appuyée. J'exposai que, à mon avis, le Congrès n'avait pas qualité pour élaborer des articles de loi, et que, lors même que l'assemblée parviendrait à se mettre d'accord sur une série de règlements, ceux-ci ne pourraient entrer en vigueur, dans chaque État, qu'après la ratification du Gouvernement et des Chambres. J'ajoutai qu'il me paraissait douteux que le parlement français ou les ministères compétents acceptassent, sans les modifier, des dispositions qui pourraient être en opposition directe avec la législation actuelle ou avec les projets de loi en préparation; enfin, suivant les instructions que j'avais reçues de votre département, Monsieur le Ministre, je déclarai que le Gouvernement français ne serait probablement pas disposé à se lier les mains par une convention analogue à celle qui avait été conclue pour le phylloxera. En conséquence, je demandai la rédaction sous forme de vœux de deux articles généraux qui seraient transmis, au besoin par la voie diplomatique, aux divers gouvernements européens, et qui seraient sans doute pris, par chacun d'eux, en légitime considération, pour modifier les règlements existants.

Cette opinion eut le bonheur de rallier d'assez nombreux suffrages, et comme précisément M. Fatio venait de formuler une proposition conçue en termes généraux, ainsi que je le demandais, la Commission l'adopta, à la majorité des voix, et décida de soumettre au Congrès les deux articles suivants :

1° Toute chasse, toute capture et tout commerce des oiseaux migrateurs et de leurs œufs seront interdits pendant la seconde moitié de l'hiver et au printemps;

2° Toute capture en masse et tout commerce des oiseaux migrateurs seront prohibés, en dehors de la période de chasse fixée par la loi.

Ces articles furent soutenus le lendemain, dans la séance générale, par leur auteur, M. Fatio, qui y introduisit un léger amendement, en ajoutant dans le premier paragraphe : les mots sur terre à la suite du mot chasse, afin de faire une concession à l'Italie et de laisser aux habitants de ces pays la liberté de se livrer pendant l'hiver à la chasse aux canards. En revanche, M. Fatio réclama instamment que de nouvelles entraves fussent apportées à la chasse et au commerce de la caille au printemps, soit au moyen d'un engagement pris par l'Italie de faire rentrer cet oiseau parmi les espèces placées sous la protection des lois, soit au moyen d'une intervention énergique des autres États, qui pourraient interdire la vente ou le transit de ce gibier sur leur territoire, ou le frapper de droits d'entrée très élevés.

Cependant la proposition de M. Fatio, même avec la modification qui venait d'y être introduite, ne parut pas satisfaisante au délégué de l'Italie, qui déclara que son gouvernement était prêt à faire tous ses efforts pour réaliser les vœux du Congrès, mais en se tenant dans les limites de la convention de Buda-Pesth, en date du 10 novembre 1875.

D'autres objections furent soulevées par le docteur Palacky, qui considéra le projet comme inférieur à certains égards à la loi hongroise, et qui regretta en particulier la présence dans l'article 1er des mots oiseaux migrateurs. Oubliant que les oiseaux sédentaires sont déjà, dans les différents pays, plus ou moins protégés par les lois, M. Palacky reprocha à l'article 1er du projet de ne point parler de ces oiseaux et de ne s'occuper que des oiseaux de passage. Il prétendit également qu'il était impossible d'établir en Europe une distinction nette entre les oiseaux sédentaires et les oiseaux migrateurs, certaines espèces passant d'une catégorie à l'autre suivant que l'hiver est plus ou moins rigoureux. Enfin il fit observer que les termes *seconde partie de l'hiver et printemps* qui figurent dans le même article du projet n'étaient pas suffisamment précis, le printemps des ornithologistes, c'est-à-dire la saison des nids, ne correspondant pas toujours avec le printemps des astronomes, qui s'étend du 21 mars au 21 juin.

M. Palacky proposa donc au Congrès de voter la résolution suivante :

« Il est défendu de détruire les oiseaux et d'enlever leurs œufs. Les lois des différents pays établiront les exceptions qu'il convient d'introduire dans cette règle générale en ce qui concerne :

« 1° Les rapaces et les oiseaux ichthyophages ;

« 2° Les oiseaux appartenant à la catégorie du gibier ;

« 3° Les espèces qui ont pris trop d'extension mais qui, en temps ordinaire, ne sont pas nuisibles.

« Elles régleront aussi tout ce qui est relatif à la protection des oiseaux durant la période de reproduction. »

De son côté, M. de Hayek renouvela un vœu qu'il avait déjà exprimé, de concert avec le docteur Russ, et demanda que la destruction en masse des oiseaux fût interdite, non seulement à une certaine époque de l'année, comme le demandait M. Fatio, mais en toute saison. Il proposa aussi de substituer les mots *période de reproduction* aux mots *fin de l'hiver et printemps*, les oiseaux ayant surtout besoin d'être protégés pendant la saison des nids, qui, dans les pays du Nord, ne correspond pas exactement au printemps de nos contrées.

D'autres critiques furent formulées par M. Zeller, par M. Kermenic et par M. Borggreve, qui proposa de substituer au projet de la Commision la rédaction suivante :

« Le premier Congrès ornithologique international prie le Gouvernement impérial et royal d'Autriche-Hongrie de faire les démarches nécessaires pour arriver à conclure avec les gouvernements des autres pays de l'Europe et de l'Afrique septentrionale une convention basée sur des principes de réciprocité. Cette convention aura pour but de faire édicter dans chaque pays des mesures législatives interdisant, pendant la première moitié de l'année légale :

« 1° Tout commerce d'oiseaux vivants ou morts ;

« 2° La capture et la chasse de toute espèce d'oiseaux, à l'exception du grand et du petit coq de bruyère et des oiseaux qui auront été reconnus directement nuisibles aux intérêts de la chasse, de la pêche ou de l'agriculture, ou qui, en vertu d'une permission spéciale de l'autorité, seront destinés à servir à des études scientifiques. »

Le docteur Schier, tout en étant d'accord avec le précédent orateur, fit observer que, dans certains cas, par suite des mauvais temps persistants ou de la destruction des nids, on trouvait des couvées jusqu'à la fin de mai ou même au commencement de juillet. Il vaudrait donc mieux, suivant lui, reculer jusqu'au 15 juillet la limite de la protection accordée aux oiseaux.

Le docteur Schiavuzzi, considérant que la chasse à la bécasse, qui se pratique dans certains pays à la fin de mars, est au moins aussi préjudiciable à cette espèce que la destruction de ses œufs qui s'opère dans d'autres contrées, insista pour que le Congrès prolongeât jusqu'au 1ᵉʳ avril la période de protection, ou tout au moins pour qu'il adoptât les articles présentés par le professeur Borggreve.

Au contraire, le docteur Russ se déclara disposé à accepter comme base le projet de la Commission; mais demanda qu'on introduisît dans sa rédaction de nombreuses modifications et notamment que l'on effaçât dans le paragraphe 1ᵉʳ le mot *migrateurs*, les oiseaux de passsage n'étant pas les seuls qui réclament la protection des lois. Du reste l'orateur, contrairement à l'opinion de M. Borggreve, voulut laisser à chaque État le soin de régler les limites de cette protection.

Tel fut aussi l'avis du docteur Pollen, qui montra combien il était inutile pour le Congrès d'entrer dans des questions de détail qui se trouvaient réglées depuis plus de vingt ans par la législation des différents pays. Mais, malgré les efforts de ce naturaliste et d'autres orateurs qui s'efforcèrent de replacer la discussion sur son véritable terrain, le projet primitif de la Commission était sur le point de disparaître au milieu des contre-propositions et des amendements successivement présentés. Cependant, comme la majorité paraissait désireuse de faire aboutir ce long débat, il me sembla qu'il serait possible d'arriver à une entente en prenant un moyen terme entre les opinions extrêmes de ceux qui demandaient l'interdiction absolue de toute chasse et de tout commerce d'oiseaux durant la première moitié de l'année légale et de ceux qui protestaient contre ces mesures prohibitives et désiraient rester dans les limites des lois actuelles. En d'autres termes, je proposai d'introduire dans les articles rédigés par M. Fatio une modification destinée à les rendre plus facilement acceptables pour les pays circummé-diterranéens. Cette modification consistait à faire dans l'interdiction prononcée en général contre la chasse au printemps une exception en faveur de la chasse au fusil. En effet, l'usage des armes à feu n'est pas, dans notre pays du moins, à la portée du premier venu, et les braconniers n'ont guère recours au fusil, qui, en revanche, est préféré par les vrais chasseurs. Or, ceux-ci savent ménager les ressources d'un pays, ne s'attaquent pas aux petits oiseaux, et, quelle que soit leur adresse, ne détruisent que de très faibles quantités de gibier, relativement à ce que prennent les braconniers au moyen de filets, de collets, de lacets et d'autres engins. En permettant durant les premiers mois de l'année *la chasse du fusil seulement*, et en défendant *en toute saison* la chasse au filet, les tendues, etc., on accorderait donc à la fois une certaine satisfaction aux chasseurs, qui ne se laisseraient pas, sans protester, priver du plaisir de tirer la bécasse et le canard sauvage à leur passage au printemps, et en même temps on ménagerait la transition entre l'état de choses actuel et une législation plus sévère, analogue à celle qui existe en Suisse, et qui pourra sans doute être appliquée quelque jour dans l'Europe entière.

Ces considérations frappèrent plusieurs membres du Congrès et MM. de Schrenck, Meyer et Blasius, prenant pour base la proposition Fatio, modifiée dans le sens que j'avais indiqué, rédigèrent un nouveau projet dans lequel ils s'efforcèrent aussi de donner satisfaction à certains vœux exprimés par MM. les docteurs Russ, Borggreve et Palacky. A la suite du retrait de tous les amendements et du rejet de la proposition Borggreve, ce nouveau projet rallia une majorité très considérable, et, en définitive, le Congrès vota, presque à l'unanimité, la résolution suivante :

«Le premier Congrès ornithologique prie le Ministère de la Maison impériale et royale et des affaires étrangères à Vienne de faire les démarches nécessaires pour l'établissement d'un accord entre les diverses nations du globe, ou même pour la conclusion d'une convention internationale ayant pour but la promulgation de dispositions législatives basées sur ces deux principes :

« 1° Durant la première moitié de l'année légale (*kalenderjahr*), ou durant la période qui y correspond, il est défendu, sauf aux personnes munies d'autorisation dûment justifiées, de chasser (*erlegen*, en allemand, littéralement d'*abattre*) les oiseaux avec d'autres engins que les armes à feu, de les capturer, de prendre leurs œufs et de faire commerce soit desdits oiseaux, soit de leurs œufs;

« 2° La capture en masse desdits oiseaux est interdite en tout temps. »

Ce vote mit fin aux débats et termina les travaux de la première section.

La seconde section, pendant ce temps, s'était occupée de la question de l'origine de la poule domestique et des moyens de perfectionner l'élevage des volailles.

L'origine de la poule domestique est encore enveloppée d'un certain mystère. Après être restés très longtemps embarrassés pour rattacher à une souche commune les races extraordinairement variées qui vivent actuellement en captivité sur la surface du globe, les naturalistes avaient cru trouver le type primitif de toutes ces formes secondaires dans une espèce de l'Inde, le coq Bankiva (*Gallus ferrugineus*, Tem.); mais des découvertes récentes sont venues jeter les esprits dans de nouvelles perplexités. M. le professeur L.-H. Jeitteles a signalé en effet, en 1872, la découverte d'une tête osseuse de coq dans les dépôts préhistoriques d'Olmütz en Moravie, et bientôt après, dans le journal *Zoologischer Garten* (1873-1874), il a exposé les faits suivants :

« Le genre *Gallus*, répandu sur une grande partie de l'Europe pendant le cours de la période tertiaire, fut représenté dans l'Europe occidentale, pendant la période quaternaire (âge du mammouth), par deux formes très voisines du *Gallus bankiva*, ou peut-être même identiques à cette espèce, que l'on considère comme l'ancêtre de nos races domestiques. Ces formes étaient contemporaines du renne, du cheval et de la marmotte; mais leurs restes ne se retrouvent plus dans les habitations lacustres ni dans les tombes de l'âge de pierre. Des vestiges de coq reparaissent en Italie, en Moravie, et dans les tombes celtiques datant de l'âge du bronze; enfin on sait qu'à une époque très reculée une race domestique, partie de l'Asie orientale, se répandit en Afrique et sur d'autres contrées du globe, qu'elle était connue en Asie Mineure et en Grèce dès le vi° siècle, et sur le pourtour du bassin méditerranéen dès le v° siècle avant l'ère chrétienne. »

En même temps que M. Jeitteles, M. A. Milne-Edwards, en étudiant les ossements extraits par M. Piette de la grotte de Gourdan (Haute-Garonne), y reconnut les restes d'un coq ou d'une poule ayant la taille du coq de Sonnerat. Enfin, à une date antérieure, des ossements de coq avaient déjà été extraits de plusieurs cavernes et notamment de celles de Lherm, de Gourdan et de Bruniquel.

Parlant de ces découvertes dans les *Reliquiæ aquitanicæ* et dans les *Matériaux pour l'histoire primitive de l'homme* (1875, 11° année, 2° série, t. VI, p. 496), M. A. Milne-Edwards s'exprimait en ces termes :

« Les naturalistes sont généralement d'accord pour admettre que le coq est originaire de l'Asie et que son introduction en Europe est d'une date relativement récente; cependant on trouve des ossements de cet oiseau associés à ceux de l'*Ursus spelæus* du *Rhinoceros* et du grand *Felis*. Il y avait donc en France une espèce de ce genre à une époque fort ancienne, et l'on ne peut supposer qu'elle avait été transportée là par l'homme, d'autant plus que le nombre des ossements trouvés jusqu'à présent dans les gîtes ossifères est très peu considérable et n'indique pas que le coq vécût comme un commensal de l'homme. »

La question, qui paraissait résolue, réclame donc de nouvelles investigations, et M. le professeur Palacky, (de Prague) a appelé sur cet ordre de recherches l'attention des paléontologistes. Après avoir exprimé combien il était regrettable que M. A. Milne-Edwards n'eût pu, comme il en avait l'intention, assister au Congrès, et faire part à cette assemblée du résultat de ses investigations, M. Palacky a déclaré qu'il ne partageait pas l'opinion de certains naturalistes qui rejettent la question de l'origine de la poule domestique au nombre des problèmes insolubles, et que, tout au contraire, il espérait que la lumière ne tarderait pas à se faire sur ce point obscur de la science. Pour justifier sa confiance, l'orateur a cité un certain nombre d'exemples : la présence en Amérique des restes fossiles démontrant l'existence du cheval sur ce grand continent à une époque bien antérieure à l'histoire, la découverte récente de la grenade sauvage à Socotra par le voyageur Balfour, et la rencontre par Prjewalsky de chameaux vivant en liberté dans les steppes de la Mongolie. Rien ne prouve, dit M. Palacky, que l'on n'obtiendra pas au sujet de la poule des résultats analogues, et que l'on ne trouvera pas, dans un temps plus ou moins rapproché, des débris appartenant à une forme intermédiaire entre nos races domestiques et le coq Bankiva. Car c'est décidément à cette espèce que M. Palacky est disposé à rattacher les variétés qui peuplent nos basses-cours. Aux yeux de ce naturaliste, les preuves que l'on a invoquées pour combattre l'opinion généralement admise n'ont pas grande valeur, et si l'on ne voit plus à l'état sauvage le coq Bankiva dans les régions que l'histoire et l'anthropologie assignent pour berceau à la poule domestique, cela provient sans doute de ce que les formes sauvages, à peine réduites en captivité, ont une tendance à disparaître. A quelle cause faut-il attribuer la disparition de ces formes sauvages ? Suivant quelques auteurs, c'est à l'action de l'homme, qui aurait volontairement détruit les individus dont il ne pouvait tirer parti, ou qui aurait modifié les conditions au milieu desquelles vivaient ces animaux. Mais, pour M. Palacky, telle n'est pas la véritable raison, au moins pour ce qui concerne le coq Bankiva. Si celui-ci a cessé d'exister en liberté dans l'Asie centrale et occidentale, cela provient d'une modification dans le climat de ces régions, modification qui est attestée par plusieurs passages du *Zend-Avesta*. Jadis, la température sur ce point du globe était notablement plus élevée et la végétation plus luxuriante : c'est ce qui expliquerait pourquoi le tigre, espèce essentiellement méridionale, se trouve encore égaré dans la Mongolie. Ce grand carnassier devait évidemment résister mieux que des espèces moins robustes aux variations de climat, et il a pu s'adapter à de nouvelles conditions, tandis que le coq Bankiva disparaissait sans retour. Il y aurait donc, a dit en terminant M. Palacky, un grand intérêt à explorer les cavernes à ossements qui sont si nombreuses dans la Chine occidentale et que les médecins chinois exploitent depuis des siècles pour en retirer les éléments d'une poudre de longue vie, en grand renom dans le Céleste Empire. La célébrité dont jouit cette poudre et la grande consommation qui en est faite chaque année diminuent même si rapidement le contenu des cavernes à ossements qu'il faudrait se hâter d'y pratiquer des fouilles scientifiques. Celles-ci pourraient être dirigées, comme l'a proposé M. de Hayek, par les missionnaires catholiques, qui ont toujours montré pour les sciences naturelles un goût particulier et qui ont même fondé sur divers points de la Chine des musées importants. A ce propos, M. Palacky a rendu un hommage mérité à M. l'abbé A. David, qui a pendant vingt ans parcouru la Chine et le Tibet, et dont les investigations ont si puissamment contribué à nous faire connaître la faune et la flore de l'Extrême-Orient.

Dans la séance du 10 avril, M. Palacky a formulé plus nettement sa proposition, et comme la création d'un comité international pour l'observation venait d'être décidée, le savant professeur de Prague a demandé que ce comité fût chargé également de recueillir tous les documents relatifs à l'histoire de la poule domestique. Ce vœu a été adopté par le Congrès. M. Palacky ayant enfin manifesté le désir que M. l'abbé A. David fût prié d'user de ses relations avec les missionnaires établis dans le Céleste Empire pour procurer aux naturalistes européens des ossements fossiles provenant des cavernes de la Chine, je me suis chargé de transmettre cette requête à mon honorable collaborateur. En même temps, j'ai fait observer que les observations paléontologiques ne devaient pas être bornées à l'Extrême-Orient, mais être effectuées en même temps sur d'autres points du globe et même en Europe, dans les localités d'où MM. A. Milne-Edwards et Jeitteles avaient déjà obtenu des restes de fossiles ou subfossiles de poule domestique. M. Pollen a appuyé cette opinion, en rappelant que les anciens voyageurs hollandais avaient recueilli avec grand soin toutes les races de poules qu'ils avaient eu l'occasion d'observer, et que peut-être en fouillant le sol et les cavernes dans les îles qu'ils avaient visitées on aurait quelque chance de rencontrer des débris du coq primitif. D'après M. Ehlers, il serait même possible que cette souche de nos poules actuelles ne fût pas complètement détruite et vécût encore dans quelque région inexplorée de l'Asie ou même de l'Afrique. Dans ces derniers temps, en effet, on a découvert en Orient plusieurs races dont en Europe on ne soupçonnait même pas l'existence, tels que le coq Phénix du Japon et le coq Langshan de la Chine septentrionale.

Après avoir déclaré qu'il était partisan de la théorie qui fait provenir la poule domestique du coq Bankiva et qui fait remonter son introduction en Europe à l'époque des invasions médiques, M. Greuter-Engel s'est occupé plus spécialement de l'élevage de la volaille, dont il a fait ressortir par quelques chiffres l'importance agricole. Il a montré notamment que, pour la France, l'exportation des œufs s'était élevée en 1882 à une valeur de 28,136,465 francs et l'exportation de la volaille et du gibier à 7,025,946 francs. La Suisse, qui est un petit pays, n'arrive pas naturellement à des chiffres aussi élevés; cependant les volailles, le gibier et les œufs qui sont sortis en 1883 du territoire de la Confédération représentaient encore une valeur de plus de 7 millions. Ces documents statistiques montrent quel avantage il y aurait à développer l'élevage des volailles, spécialement dans les contrées qui sont privées d'un autre genre d'industrie. Pour arriver à ce résultat, M. le baron de Villa-Secca, qui a pris la parole après M. Greuter-Engel, a réclamé le concours des sociétés ornithologiques, dans le programme desquelles rentrent certaines questions d'ordre purement scientifique, telles que l'acclimatation de gallinacés exotiques, l'étude zoologique des races, et la recherche de leur descendance. Parlant du rôle des sociétés d'élevage, et particulièrement de celui de la société de Hambourg-Altona qu'il était chargé de représenter, M. de Villa-Secca n'a pas eu de peine à démontrer l'utilité de ces institutions; il a rappelé qu'elles avaient puissamment contribué au développement de l'agriculture, en organisant des expositions, en mettant ainsi le public à même de connaître et d'apprécier les races étrangères, et en provoquant, par suite, l'introduction en Allemagne et en Autriche de milliers de volailles étrangères. Ces expositions toutefois, comme M. Villa-Secca l'a fait observer avec raison, ne doivent pas être ouvertes exclusivement dans les grands centres, dans les villes où siègent les sociétés d'agriculture; elles doivent aussi avoir lieu de temps en temps dans de petites localités, au milieu des campagnes, afin d'être accessibles aux paysans, à qui leurs affaires ou leurs occupations ne permettent pas de lointains déplacements. Parlant des stations d'élevage que certaines personnes reprochent aux sociétés d'aviculture de ne pas multiplier davantage, M. de Villa-Secca a exprimé l'avis que des établissements de ce genre étaient surtout appelés à rendre des services dans les contrées où l'élevage des volailles est encore dans l'enfance; ailleurs, ils n'ont pas la même utilité; il y a même avantage à laisser agir la libre concurrence, et il suffit d'encourager par des récompenses et des achats faits dans les expositions les efforts de l'industrie privée.

L'orateur, afin de dissiper toute équivoque, s'est ensuite efforcé de définir le rôle des stations d'élevage, qui, d'après lui, sont essentiellement destinées à fournir aux éleveurs de volaille des animaux reproducteurs capables de relever le niveau des races indigènes. « Il est en effet démontré par l'expérience, a dit M. de Villa-Secca, que nos meilleures races indigènes n'offrent pas, au point de vue agricole, les mêmes avantages que les produits de croisement. »

M. le baron de Berg s'est élevé vivement contre cette assertion et il a plaidé la cause des volailles indigènes. En s'appuyant sur une pratique de plusieurs années et sur l'opinion des membres de la Société d'aviculture d'Alsace-Lorraine, il a affirmé que nos races de poules n'avaient nullement besoin, pour s'améliorer, de l'infusion d'un sang étranger, et que les agriculteurs qui auraient le soin de choisir les meilleures pondeuses, d'éviter les alliances consanguines et de recourir à des reproducteurs pris en dehors de leurs basses-cours, mais *de même race que leurs volailles*, pouvaient être sûrs d'obtenir d'excellents résultats. Ce à quoi MM. les docteurs Lax et Bauer ont objecté que l'on ne pouvait ériger en règle générale les faits constatés en Alsace-Lorraine; car si, dans cette dernière région, la race indigène s'est maintenue à un niveau assez élevé pour que l'on puisse la perfectionner sans trop d'efforts, il n'en est pas de même dans le Brunswick et dans le nord de l'Allemagne, où les races du pays ont fortement dégénéré depuis une quarantaine d'années, aussi bien sous le rapport de la ponte que sous celui de la qualité de la chair, puisqu'elles donnent actuellement des œufs presque aussi petits que ceux des Bantams anglais. Vainement la Société ornithologique de Stettin a-t-elle fait, pendant plusieurs années consécutives des sacrifices considérables pour procurer aux éleveurs des volailles de race pure; vainement les éleveurs eux-mêmes ont-ils acheté dans la première exposition faite dans l'Allemagne du Nord les oiseaux les plus remarquables: au bout de peu de temps, les choses se sont trouvées dans le même état qu'auparavant. M. le docteur Bauer a tiré de ces faits la conclusion peu encourageante que, dans certains pays au moins, il faut renoncer à l'espoir de régénérer la race au moyen de produits de pur sang.

Comme M. de Villa-Secca, M. Ehlers a fortement insisté sur la nécessité de donner à l'élevage des volailles une direction plus scientifique; suivant lui, les sociétés d'aviculture devraient, d'une part, se mettre en rapports intimes avec les sociétés d'agriculture, dont les moyens d'action sont limités, de l'autre, chercher à faire pénétrer dans le public des notions plus exactes sur les caractères distinctifs et les qualités des différentes races; enfin elles devraient solliciter de l'État un appui plus efficace et obtenir du Gouvernement la création, dans chaque district, de cours, de conférences à la fois théoriques et pratiques, où l'on enseignerait l'art de reconnaître, d'élever et d'améliorer les différentes races. Les stations d'élevage dont M. de Villa-Secca a parlé acquéreraient ainsi une nouvelle utilité; elles survivraient aux expériences des professeurs et leur fourniraient les spécimens nécessaires à leurs démonstrations.

Un dernier moyen indiqué par M. Ehlers pour encourager l'élevage de la volaille consisterait à soumettre celle-ci aux mêmes règles que les animaux de boucherie. En un mot, au lieu de considérer les poulets et les chapons comme une marchandise de luxe, dont le prix varie au gré du marchand et n'est nullement en rapport avec la quantité d'os ou de chair que renferme la volaille mise en vente, on vendrait la chair des oiseaux de basse-cour au poids comme la viande de bœuf, de veau, de mouton. M. Ehlers pense que l'adoption de ce système exercerait immédiatement une heureuse influence sur la production, et il aurait voulu que le Congrès appelât sur ce point l'attention des différents gouvernements. En terminant, M. Ehlers a exprimé le regret que tous les États ne puissent pas produire des documents statistiques analogues à ceux que l'on trouve dans le *Tableau du commerce de la France* ou à ceux que M. Greuter-Engel a relevés, pour la Suisse, dans sa communication. Il voudrait que, dans chaque pays, on notât soigneusement le chiffre des volailles et des œufs exportés ou importés et que l'on pratiquât chaque année le recensement des poules et autres oiseaux de basse-cour, en même temps que celui des chevaux et des bêtes à cornes. Ce serait en effet le seul moyen de constater les progrès accomplis dans l'élevage des volailles.

M. Hellerer a fait observer à ce propos que plusieurs contrées de l'Allemagne, et entre autres la Bavière, étaient en mesure de fournir les renseignements réclamés par M. Ehlers, et que dans la Bavière les sociétés d'aviculture entretenaient des relations constantes avec les sociétés d'agriculture et en retiraient grand avantage. En revanche, M. Hellerer a contesté l'utilité pratique des cours d'aviculture et des publications destinées à répandre dans les campagnes le goût de l'élevage; il a donné comme raison que les paysans lisaient peu et n'avaient guère le temps d'assister à des conférences, qu'ils étaient surtout frappés par des résultats immédiats et tangibles, et que la production de quelques spécimens de choix serait à leurs yeux la meilleure de toutes les démonstrations. Tels sont du reste, a dit M. Hellerer, les principes dont s'est inspirée la Société d'aviculture bavaroise, qui s'est efforcée de rester sur le terrain pratique. Après avoir successivement tenté sans succès l'introduction en Bavière de reproducteurs empruntés aux races espagnole, de houdan, brahma et cochinchinoise, elle a enfin obtenu d'excellents résultats avec la race italienne. Les poules de cette race sont livrées à la Société par des marchands qui s'engagent à reprendre tous les individus reconnus défectueux. D'autre part, la Société se montre très libérale dans ses dons; elle concède les produits de son élevage à tous les agriculteurs qui en font la demande, à la seule condition que ceux-ci se débarrasseront de toutes leurs autres poules et qu'ils donneront des œufs à leurs voisins en échange d'œufs ordinaires. Les jeunes volailles ainsi mises à la disposition des éleveurs sont très recherchées et s'enlèvent rapidement, car elles ont atteint toute leur taille en neuf semaines et bientôt après elles commencent à pondre.

En répondant à M. Hellerer, M. de Villa-Secca et M. Ehlers maintinrent leur manière de voir relativement à l'utilité des conférences d'agriculture semblables à celles qui se font actuellement dans le district de Hambourg, puis le dernier de ces orateurs formula quelques propositions qui résumaient sa communication et qui, après avoir été vivement discutées et soumises à l'examen d'une commission furent acceptées, au moins dans leur substance, par la majorité du Congrès. Au contraire, la deuxième section rejeta successivement deux propositions émanant du docteur Russ et du docteur Bachner. La première tendait à réserver exclusivement aux éleveurs les récompenses qui dans les concours sont accordées souvent à de simples possesseurs de volailles, c'est-à-dire à des personnes qui ont parfois acquis récemment les spécimens exposés et dans le seul but d'obtenir une récompense. La seconde proposition avait pour but de faire disparaître les entraves que le service des postes ou l'administration des chemins de fer apporte, dans certains pays, et notamment en Russie, au transport des volailles. Mais, sur l'observation de quelques-uns de ses membres, l'assemblée jugea, avec raison, qu'elle n'avait pas à entrer dans ces questions de détail, qui pourraient être réglées par une entente entre les sociétés d'élevage ou les sociétés d'agriculture et les autorités compétentes.

En revanche, la deuxième section accorda une attention toute particulière à la question de la protection des pigeons et particulièrement des pigeons voyageurs, question qui fut soulevée par le docteur Bachner et qui donna lieu à une discussion à laquelle prirent part MM. Russ, Hellerer, Lentner, Baldamus, Pollen, Landsteiner, le comte Marshall et Greuter-Engel. Il résulte de cette discussion que si en Hollande le meurtre d'un pigeon est puni d'une amende toutes les fois que l'on peut établir à qui l'oiseau appartient, il n'en est pas de même dans d'autres pays de l'Europe. En Allemagne et en Autriche-Hongrie, chaque propriétaire campagnard est autorisé à avoir un nombre de pigeons de colombier en rapport avec l'étendue de son domaine, et ces pigeons sont protégés par la loi, pourvu que leurs possesseurs les tiennent enfermés au moment des semailles et à l'époque de la moisson; mais ces règlements ne s'appliquent pas aux pigeons voyageurs, qui constituent cependant une propriété et dont le meurtre devrait être puni comme celui d'un autre animal domestique. M. Lentner insista aussi, avec raison, sur l'urgence qu'il y aurait à interdire dans tous les pays civilisés le sport connu sous le nom de *tir aux pigeons*, et à suivre en cela l'exemple de l'Angleterre, où la Chambre des communes, sur la proposition de M. Andersen, a voté l'an dernier, par 195 voix contre 40, une loi défendant absolument ce genre de divertissement.

Comme conclusion à ces longs débats, la deuxième section adopta, et le Congrès en séance plénière ratifia à une très forte majorité les résolutions suivantes :

« 1° Le Congrès exprime le vœu que des recherches soient faites dans les cavernes de la Chine occidentale, dans le but d'y recueillir des documents paléontologiques sur l'histoire de la poule domestique. Les stations d'observation dont le Congrès propose la création seront chargées de faire une enquête sur les espèces, races ou variétés de poules existant actuellement sur la surface du globe.

« 2° Le Congrès désire aussi que les sociétés qui s'occupent de l'élevage de la volaille entrent en relations aussi intimes que possible les unes avec les autres et s'attachent sérieusement, non seulement à perfectionner et à répandre les races pures, mais encore à augmenter la valeur économique des oiseaux de basse-cour.

« Il engage également ces mêmes sociétés à se mettre, dans ce but, en rapport avec les sociétés d'agriculture. En outre, comme la coopération des gouvernements, aussi bien au point de vue matériel qu'au point de vue scientifique, est nécessaire aux progrès de l'élevage des volailles, le Congrès prie les autorités compétentes d'introduire des notions d'aviculture dans le programme d'enseignement des établissements d'instruction agronomique et plus spécialement dans les écoles inférieures d'agriculture.

« 3° Considérant que l'emploi des pigeons messagers est d'une grande importance, non seulement en cas de guerre, mais aussi dans d'autres circonstances, et spécialement en cas de sinistres maritimes, et que, par une organisation systématique, on pourrait augmenter encore les services que ces oiseaux rendent à la sécurité publique, le Congrès émet le vœu que la question des pigeons voyageurs soit inscrite au programme du prochain congrès international.

« 4° Enfin le Congrès déclare adhérer aux résolutions qui ont été prises par le Congrès international pour la protection des animaux, réuni à Vienne en 1883, et qui condamnent le sport du tir aux pigeons. »

La séance tenue par la troisième section sous la présidence du docteur R. Blasius a été bien remplie, mais n'a point été marquée par des discussions passionnées analogues à celles qui ont été soulevées par la question de la protection des oiseaux. En effet, l'établissement d'un réseau de stations ornithologiques a été admis presque sans débats et des divergences d'opinion ne se sont manifestées qu'au sujet de l'étendue de ce réseau et des moyens de l'installer. Après un exposé rapide de la question, présenté par le docteur Blasius, qui a rappelé les recherches du baron de Sélys-Longchamps et de M. de Middendorf sur les migrations des oiseaux, et les observations recueillies en Allemagne, en Angleterre, en Autriche et aux États-Unis, le professeur Giglioli a proposé de restreindre à l'Europe le champ principal d'expériences et d'établir seulement, en dehors de ces limites, quelques stations indispensables dans le nord de l'Afrique, en Asie Mineure et en Sibérie. Partageant l'opinion de M. Giglioli, le docteur Girtanner, de Saint-Gall, a fait ressortir les services que pourraient rendre les instituteurs, les régents et les directeurs d'écoles primaires, soit en faisant eux-mêmes des observations, soit en formant des élèves capables d'étudier les phénomènes du domaine des sciences naturelles. Au contraire, le docteur Meyer, de Dresde, a demandé que des observations ornithologiques se fissent simultanément dans toutes les parties du monde. Tel a été aussi l'avis de M. de Hayek et du docteur Lentner, qui ont conseillé, le premier, de profiter du zèle des missionnaires jésuites, que leurs fonctions appellent au milieu des populations et qui ont déjà recueilli de précieux renseignements sur la faune des contrées lointaines; le second, de mettre à profit dans le même but le personnel des consulats. Le professeur Borggreve, de Münden, a exprimé l'avis que le Congrès devrait choisir lui-même, dans les différents pays, un certain nombre de personnes compétentes chargées de recueillir des observations et de les faire parvenir à une autre personne, à une sorte de *directeur* qui centraliserait tous les documents. Au contraire, M. Greuter-Engel, de Bâle, a insisté sur la nécessité de laisser aux divers gouvernements le choix soit des observateurs, soit des méthodes et procédés d'observations, sur l'utilité de faire appel aux sociétés scientifiques actuellement existantes, et de mettre chaque année à l'étude un certain nombre de questions.

Le docteur V. Fatio, de Genève, a, de son côté, fait ressortir les services que pourraient rendre les stations projetées, tant au point de vue scientifique qu'au point de vue pratique. « J'espère, a-t-il dit, que des observations exactes et multipliées, surtout si elles sont accompagnées d'indications météorologiques, pourront jeter une vive lumière, non seulement sur bien des points de distribution géographique et de variabilité des espèces, mais aussi sur la question si obscure des instincts des oiseaux et des influences diverses qui concourent à les diriger dans leurs migrations. J'estime, en outre, que des détails précis sur les allures de divers oiseaux, sur les époques et les directions de leurs passages, sur leur abondance relative dans certaines conditions et

dans certaines circonstances, sur leurs stations principales et leurs lieux de reproduction, ainsi que sur les éléments qui entrent dans leur alimentation, fourniraient des
documents très importants pour l'établissement de nouvelles lois de protection et serviraient de guide pour recommander aux différents États tel ou tel mode d'intervention. » En conséquence, M. Fatio a proposé au Congrès la formation d'une commission
internationale d'étude, chargée de dresser un programme d'observations, de désigner
les stations les plus favorables ou les personnes les plus aptes à fournir des renseignements et de grouper chaque année les renseignements émanant des différents pays.
« Je suis heureux, a-t-il ajouté, de pouvoir annoncer au Congrès que l'autorité fédé-
rale suisse est disposée à faire recueillir et à coordonner les observations faites jusqu'ici
en Suisse dans ce domaine, et à prendre en mains l'organisation des stations d'observations. »

J'ai soutenu la thèse présentée par le docteur Fatio et j'ai exposé, de mon côté, dans
les termes suivants, mes idées sur la constitution d'un comité ornithologique international et de comités nationaux qui seraient eux-mêmes en rapport avec les différents
observateurs :

« Messieurs, depuis Linné, les naturalistes ont fréquemment dirigé leur attention sur les déplacements que les oiseaux effectuent périodiquement, suivant les
saisons, aussi bien que sur l'apparition subite dans diverses contrées de certaines
espèces qui jusqu'alors y étaient totalement inconnues, et dans le *Thesaurus ornitholo-
gicus* de Giebel des pages entières sont remplies par l'énumération des notes et mémoires consacrés à l'étude des migrations des oiseaux. Je n'essayerai donc pas de passer
en revue tous ces ouvrages et je ne me permettrai pas de discuter leur mérite. En ren-
dant hommage au zèle, à la perspicacité, à l'érudition déployés par plusieurs ornithologistes, je constaterai seulement que la plupart de leurs travaux, sinon tous leurs
travaux, ont trait à notre vieille Europe, à l'Asie, à la portion septentrionale du
Nouveau-Monde, et que nous sommes dans une ignorance presque absolue au sujet des
migrations des oiseaux en Océanie ou à travers la vaste étendue du continent africain.
« Je ferai remarquer aussi que, même pour l'Europe, nous ne possédons pas encore,
relativement aux phénomènes dont je parle en ce moment, de renseignements complets ;
de telle sorte que lorsqu'on a voulu tracer sur des cartes les routes suivies par les
oiseaux, on a dû souvent procéder par induction et prolonger hypothétiquement à
travers certaines contrées les lignes traversant des contrées voisines. Les cartes qui ont
été publiées jusqu'à ce jour et qui accompagnent les mémoires relatifs aux migrations
des oiseaux sont cependant à une petite échelle. Que serait-ce donc si elles étaient am-
plifiées ? Les lacunes que je signale augmenteraient d'importance, et parfois même il
serait complètement impossible d'effectuer le tracé, faute de jalons suffisamment rap-
prochés. Pour la France, en particulier, nous n'avons pas encore le catalogue de
la faune ornithologique de chaque département, et, dans ces conditions, il est difficile
d'indiquer, avec toute la rigueur désirable, les chemins que suivent les oiseaux quand
ils nous quittent en automne ou lorsqu'ils nous reviennent au printemps.
« J'applaudis donc de tout cœur à l'heureuse idée qu'ont eue les honorables organisateurs du Congrès en inscrivant au nombre des questions destinées à lui être soumises
la création d'un réseau de stations-observatoires ornithologiques s'étendant sur tout le
globe habité, et je crois qu'on arriverait ainsi à obtenir des données plus précises sur

les migrations, en même temps qu'on recueillerait des renseignements inédits sur d'autres points de la biologie des oiseaux. Toutefois, à mon humble avis, il ne faudrait pas songer à établir tout d'abord ce réseau de stations sur un plan trop vaste, trop compliqué; il ne faudrait pas en faire une institution dispendieuse dont certains États ne pourraient ou ne voudraient pas supporter les frais. Il serait préférable, je crois, de profiter autant que possible des stations déjà existantes et affectées à d'autres usages, et de faire appel au dévouement de quelques personnes qui ont déjà consacré une partie de leur vie à l'étude de la faune de leur pays natal.

«Le zèle bien connu des gardiens des phares, des agents forestiers et des marins pourrait également être utilisé. Les phares qui brillent sur nos côtes attirent en effet, on l'a souvent remarqué, les oiseaux voyageurs, qui viennent parfois se briser le crâne contre les glaces resplendissantes; d'autre part, la lisière des bois et le bord des fleuves, que les gardes forestiers parcourent dans leurs tournées matinales, sont aussi les endroits que les oiseaux fréquentent dans leurs déplacements; enfin les navires qui stationnent dans les mers du Nord ou qui sillonnent l'océan Pacifique et l'océan Atlantique sont fréquemment envahis par des troupes d'oiseaux migrateurs qui viennent se reposer sur les vergues, sur les cordages, et même sur le pont. Je ne dois pas oublier non plus de mentionner parmi les auxiliaires dont les renseignements pourraient être utilisés les instituteurs des communes rurales, qui, grâce à leur situation, à leurs fonctions, à leurs relations, possèdent souvent des connaissances assez étendues sur la faune locale. Toutefois, en reconnaissant tout le profit qu'il y aurait à puiser à ces différentes sources, je dois rappeler ici, comme je l'ai déjà fait précédemment lorsque la question a été soulevée au sein de la Société d'acclimatation de Paris, que les observations ornithologiques exigent un flair, une intuition et des connaissances spéciales, que le zèle ne suffit pas et qu'il faut, par une étude particulière, apprendre à constater les phénomènes et à les décrire. A quoi serviraient en effet des documents incomplets pour le but que nous poursuivons? que gagnerons-nous à savoir qu'une fauvette quitte telle ou telle contrée à une certaine époque et y revient à une autre époque; que des canards ont passé tel jour, à telle heure au-dessus d'une ville ou d'un village, si nous ignorons à quelle espèce se rapporte cette fauvette ou ces canards?

«Il faut donc que les renseignements fournis comprennent, non seulement le lieu et la date du passage, la direction du mouvement, la température et les conditions atmosphériques, mais la description détaillée ou un dessin de l'espèce, toutes les fois que celle-ci ne pourra pas être (ce qui vaudrait infiniment mieux) représentée par un spécimen en peau. Toutes ces données sont absolument nécessaires quand les renseignements émanent de personnes peu familières avec la science ornithologique; mais elles deviennent inutiles quand ces documents proviennent d'ornithologistes compétents, conservateurs de musées, membres de sociétés savantes ou simples amateurs.

«Il existe Dieu merci en Europe nombre de personnes qui appartiennent à cette dernière catégorie, qui savent voir et décrire, qui ont déjà publié des travaux sur la faune de leur contrée et dont les renseignements peuvent être acceptés avec confiance. Je crois même qu'en France on trouverait ainsi plusieurs ornithologistes, habitant sur divers points du territoire, qui, par amour de la science, contribueraient à grandir le cercle de nos connaissances. Les documents qu'ils auraient recueillis personnellement ou qui leur auraient été fournis par les instituteurs ou les gardes de leurs districts, et qu'ils auraient contrôlés, seraient ensuite centralisés dans la capitale et communiqués au *Comité ornithologique international*, dont la création me paraît désirable aussi bien au point de vue de la protection des oiseaux que de l'étude de leurs migrations.

« En résumé, je demanderais :

« 1° La création d'un comité ornithologique, international comprenant un certain nombre de représentants des différents pays.

« 2° La création d'un comité dans chaque pays, comité composé des membres chargés de représenter ledit pays au sein du comité central et de quelques autres personnes.

« 3° L'établissement sur divers points de chaque pays de chefs de stations ou de membres correspondants, choisis de préférence parmi les directeurs des stations météorologiques, les conservateurs de musées, etc., chargés de recueillir des documents sur la faune du district et de les communiquer au comité, qui siégerait naturellement dans la capitale, où se trouvent un grand musée et de nombreux éléments d'étude.

« Ces chefs de stations et ces membres correspondants devraient résider autant que possible sur les principales routes déjà signalées comme servant de passage aux oiseaux. Ainsi, pour la France, ils habiteraient dans le voisinage de la baie de Somme, au Havre ou à Rouen, à Meudon (observatoire), à Paris ou à Fontainebleau, à Nantes ou à Angers, à Bordeaux ou à Agen, à Pau, à Bayonne ou à Hendaye, à Guéret, à Châlons-sur-Marne ou dans les environs, à Nancy, à Épinal ou à Mirecourt, à Besançon, à Dijon, à Chalon ou à Mâcon, à Lyon, à Perpignan et aux environs de Marseille.

« 4° La rédaction d'une instruction claire et précise, accompagnée de descriptions suffisantes et au besoin de figures coloriées, d'une sorte de catéchisme ornithologique destiné à être mis entre les mains des personnes chargées de recueillir des renseignements pour les chefs des stations.

« 5° La possibilité pour ces derniers et pour quelques-uns de leurs auxiliaires de se procurer, en tout temps et en toutes saisons, les oiseaux destinés à leurs études; une indemnité suffisante pour couvrir leurs frais de déplacement et la fourniture des instruments nécessaires à leurs observations. »

J'ai eu la satisfaction de constater que ces propositions, que le docteur Radde a bien voulu résumer en allemand pour certains membres du Congrès peu familiers avec la langue française, répondaient au sentiment général de l'assemblée. Ainsi le docteur Girtanner, de Saint-Gall, qui a pris la parole immédiatement après moi, a insisté, lui aussi, sur la nécessité d'adopter d'abord, pour l'établissement d'observations un cadre assez restreint et d'étendre petit à petit le réseau, comme on le fait quand il s'agit de télégraphes ou de chemins de fer; il a recommandé également d'adopter la plus grande circonspection dans le choix des personnes chargées de recueillir des observations, ayant constaté, dit-il, par expérience, combien sont rares les personnes qui sont en état de fournir à la science d'utiles renseignements. Il a demandé ensuite que la liste des espèces signalées à l'attention des chefs de stations ne comprît qu'un petit nombre d'espèces, de taille assez forte et facilement reconnaissables, afin que, avant de pousser plus loin l'expérience, on pût s'assurer du talent et des connaissances des observateurs.

Le baron de Berg et le docteur Radde ont parlé dans le même sens, et le docteur Schier, de Prague, en mettant sous les yeux du Congrès des tableaux d'observations, a exprimé le désir que l'on distribuât aux correspondants du comité des cartes qui pourraient être reproduites par simple décalque. Enfin M. de Tchusi a remis à ses collègues des exemplaires des *Instructions* qui sont envoyées aux correspondants du Comité d'observations ornithologiques de l'empire Austro-Hongrois et qui concordent presque entièrement avec celles qui ont été rédigées par le Comité d'observations ornithologiques de l'Allemagne du Nord, fondé sous les auspices de la Société ornithologique de Berlin. Depuis 1877, ce dernier comité publie régulièrement chaque année, dans le *Journal d'Ornithologie* (*Journal für Ornithologie*), un rapport dans lequel se trouvent classées et condensées les observations faites par ses correspondants. Ceux-ci se recrutent principalement parmi les professeurs, les agents forestiers et les ornithologistes amateurs et se trouvent répartis sur tous les points de l'Allemagne, mais spécialement dans le nord et dans le centre de cette région.

En Angleterre, il y a quelques années, l'Association britannique pour l'avancement des sciences a fondé un comité dont les attributions sont un peu plus restreintes que celles des comités allemand et autrichien, puisqu'il a pour mission exclusive l'étude des migrations des oiseaux. Néanmoins ce comité, qui en 1882 se composait de six membres, a déjà recueilli une foule de documents intéressants, grâce au concours dévoué qu'il a trouvé chez les directeurs, les inspecteurs et les gardiens des phares, et il a publié, de 1879 à 1882, dans les *Bulletins de l'Association britannique*, quatre rapports, d'une centaine de pages chacun, donnant le *mouvement des oiseaux* sur les côtes de l'Angleterre, de l'Écosse et de l'Irlande. Les éléments de ces rapports sont fournis soit par les observations personnelles des membres du comité, soit par les indications portées sur des formulaires imprimés qui sont distribués aux gardiens des phares et que ceux-ci, pour la plupart, se font un devoir de remplir. Après avoir été primitivement classés par ordre chronologique, ces éléments sont maintenant disposés suivant une méthode qui est évidemment préférable : chaque observation est en effet attribuée soit à l'espèce, soit à la famille d'oiseaux à laquelle elle se rapporte, ce qui rend la comparaison plus facile entre les documents de source anglaise et ceux qui sont recueillis sur divers points de l'ancien continent ou dans la partie septentrionale du Nouveau-Monde.

Aux États-Unis, en effet, une société récemment fondée, l'Union ornithologique américaine, a de son côté institué, dans sa réunion générale du 26 au 28 septembre 1883, un comité pour l'étude des migrations des oiseaux sur toute l'étendue du territoire de la Confédération et des possessions britanniques. Ce comité a fait appel au zèle de tous les ornithologistes, chasseurs et amateurs d'oiseaux, en signalant à leur attention une quarantaine d'espèces de rapaces, de passereaux et de pigeons, tous les échassiers, tous les oiseaux de rivages et tous les palmipèdes. Enfin, pour obtenir de ses correspondants des renseignements disposés sur un modèle uniforme, il a confié à son président, M. Merriam, le soin de rédiger à leur intention des instructions détaillées que j'ai sous les yeux, mais sur lesquelles je n'ai pas à insister ici.

Étant donné l'existence de divers comités s'occupant déjà, sur plusieurs points du globe, de l'étude des mœurs des oiseaux et particulièrement de leurs migrations, il était naturel de songer à rattacher les uns aux autres ces différents services et de les compléter; c'est dans ce but que le docteur R. Blasius, l'un des organisateurs du comité allemand, proposa au Congrès, comme je l'avais fait moi-même, la création d'un comité international permanent, en relation avec les comités nationaux. Suivant le docteur Blasius, il serait également désirable, d'une part, que le gouvernement autrichien intervînt auprès des autres gouvernements qui ne se sont pas fait représenter au Congrès, afin d'obtenir d'eux l'établissement de stations ornithologiques, d'autre part, que les délégués des diverses nations fissent tous leurs efforts pour arriver au même résultat, dans leurs pays respectifs; il serait enfin nécessaire d'établir, à l'usage du Comité international et des comités nationaux, quelques principes généraux sur la manière de faire les observations, sur l'étendue à leur donner, sur l'art de les grouper, etc.

Ces vœux, en même temps que ceux qui avaient été précédemment émis, ayant été soumis à une commission, composée de quelques membres, celle-ci arriva facilement à les coordonner et soumit au Congrès les propositions suivantes, qui furent adoptées à l'*unanimité*, dans la séance générale du 10 avril.

« Le premier Congrès ornithologique international réuni à Vienne décide :

« 1° Qu'un comité international permanent sera nommé pour l'établissement de stations d'observations ornithologiques, et que le Prince héritier d'Autriche-Hongrie, archiduc Rodolphe, sera prié de vouloir bien en accepter le protectorat;

« 2° Que le gouvernement autrichien sera prié d'intervenir, de la manière qu'il jugera la plus convenable, auprès des gouvernements qui ne se sont pas fait représenter au Congrès, afin d'obtenir d'eux la création de stations d'observations ornithologiques et le choix de personnes compétentes qui seront adjointes aux membres précédemment choisis du Comité international;

« 3° Que les délégués des différents pays, présents au Congrès, seront invités à faire tous leurs efforts :

« A. Pour obtenir de leurs gouvernements respectifs :

« a. L'établissement de stations ornithologiques;

« b. Des subventions pécuniaires pour l'entretien desdites stations et pour la publication d'un rapport annuel sur les observations faites;

« B. Pour provoquer dans chaque État la formation de comités nationaux, qui se mettront en relations avec le Comité international permanent;

« 4° Que le Comité international et les comités nationaux devront procéder en s'inspirant des principes suivants :

« a. Les observations ornithologiques seront étendues successivement à toute la terre, en commençant par l'Europe;

« b. Les observations seront rédigées autant que possible sur le même plan, les instructions du comité allemand et du comité autrichien pouvant à cet égard servir de modèles;

« c. La coordination des renseignements recueillis se fera de la même façon dans tout les États, c'est-à-dire que les observations seront classées systématiquement et par espèces (consulter à cet égard les rapports allemands et autrichiens), que l'on adoptera autant que possible la même nomenclature, et que, en tous cas, on se servira toujours des noms scientifiques;

« d. Dans chaque pays, il sera dressé un catalogue des oiseaux indigènes, sur le modèle de celui qui a été rédigé pour l'Autriche-Hongrie par MM. de Homeyer et de Tchusi, et ce catalogue portera les noms locaux en regard des noms scientifiques;

« e. Pour obtenir des observations ornithologiques, il sera fait appel aux membres des académies et autres sociétés savantes, aux directeurs de musées et de journaux d'histoire naturelle, aux professeurs, aux chefs des stations météorologiques, aux gardiens des phares, aux agents forestiers, au personnel des consulats, aux missionnaires catholiques et protestants, etc.;

« f. Si l'on est assuré du concours d'observateurs compétents, on cherchera à rassembler des renseignements sur toutes sortes d'oiseaux; dans le cas contraire, le Comité pourra signaler à l'attention de ses correspondants quelques espèces seulement, connues de tous les amateurs d'oiseaux;

« *g*. Il serait à désirer que les études des correspondants ne restassent point confinées dans les limites de l'ornithologie, mais s'étendissent aussi à d'autres parties du règne animal, et même au règne végétal, et que des notes fussent prises en même temps sur les phénomènes météorologiques;

« *h*. Chaque État sera représenté dans le Comité international par un ou plusieurs délégués. »

En vertu de ce dernier paragraphe, le Congrès a immédiatement procédé à l'élection des membres du Comité international et a désigné pour en faire partie :

MM. de Schrenck, Radde, Palmen et Bogdanow, pour la Russie;
    de Tschusi, de Madarasz et Brusina, pour l'Autriche-Hongrie;
    de Homeyer, R. Blasius et Meyer, pour l'Allemagne;
    A. Milne-Edwards et Oustalet, pour la France;
    Giglioli et Salvadori, pour l'Italie;
    Fatio et Girtanner, pour la Suisse;
    Harwie-Brown, Cordeaux et Kermode, pour la Grande-Bretagne;
    Collett, pour la Norvège;
    le comte Thott, pour la Suède;
    Lutken, pour le Danemark;
    le baron de Sélys-Longchamps et Dubois, pour la Belgique;
    Pollen, pour les Pays-Bas;
    Barboza du Bocage, pour le Portugal;
    Krüper, pour la Grèce;
    Dokic, pour la Serbie;
    le capitaine Blackiston, pour le Japon;
    Anderson et Da Cunha pour les Indes britanniques;
    Vordermann, pour Java;
    Ramsay, pour l'Australie;
    Buller, pour la Nouvelle-Zélande;
    Merriam et Coues, pour les États-Unis de l'Amérique;
    le baron de Carvalho-Borges, pour le Brésil;
    Philippi, pour le Chili;
    Burmeister et Berg, pour la République argentine.

De nouveaux membres pourront être, par la suite, adjoints à ce comité, dont M. le docteur R. Blasius, de Brunswick, a été nommé président et M. le docteur de Hayek, de Vienne, secrétaire, et dont S. A. I. et R. l'archiduc Rodolphe a bien voulu accepter le protectorat.

Dans la séance où furent ratifiées les résolutions proposées par les bureaux des trois sections, M. V. Fatio revint, en sa qualité de délégué de la Société des chasseurs suisses, *Diana*, sur la nécessité de protéger, au même titre que les oiseaux auxiliaires, le gibier de passage, beaucoup moins sauvegardé par les lois que le gibier sédentaire; il indiqua comme moyen de faire cesser les destructions de cailles qui se font actuellement en Italie des mesures que les États limitrophes hésiteront peut-être à appliquer et qui consistent soit dans l'interdiction complète de la vente de ce gibier en provenance d'Italie, soit dans une élévation considérable des droits d'entrée sur les cailles à la frontière. Enfin il demanda au Congrès de charger le Comité international permanent institué pour l'établissement des stations ornithologiques d'étudier aussi l'importante question de la protection des oiseaux et de présenter sur ce sujet un rapport au prochain congrès.

Cette dernière proposition fut favorablement accueillie et votée sans discussion par l'assemblée, qui, sur la proposition de son président, M. Radde, décida également à l'unanimité qu'un deuxième congrès ornithologique international se réunirait dans trois ans dans une ville de Suisse, et autant que possible à Lucerne. Au nom de son pays, M. Fatio remercia le Congrès du choix qui venait d'être fait et exprima la conviction que dans l'intervalle qui s'écoulera jusqu'à la deuxième réunion les questions à l'étude feront d'importants progrès.

Ainsi se terminèrent les travaux du Congrès, dont la dernière séance générale fut presque entièrement remplie par deux intéressantes communications faites par le docteur Blasius et par le docteur Radde.

En présence de L.L. A.A. le Prince héritier et le Prince de Cobourg, ces deux orateurs racontèrent, sous une forme humoristique, leurs excursions soit dans le Nord de l'Europe, en Suède et en Norvège, soit sur les confins de l'Asie, dans le Caucase, au mont Ararat et sur les bords de la mer Caspienne; puis le docteur Radde ayant adressé à l'archiduc Rodolphe des remerciements, que les membres présents soulignèrent de leurs chaleureux vivats, le Prince répondit à cette allocution en remerciant les membres du Congrès de l'empressement qu'ils avaient mis à se rendre à l'invitation des ornithologistes autrichiens et en exprimant le désir qu'après s'être réunis dans d'autres villes de l'Europe, les délégués se trouveraient bientôt rassemblés de nouveau dans la capitale de l'Autriche.

Avant la clôture du Congrès, ses membres visitèrent ensemble les nouveaux monuments de la ville de Vienne, l'Hôtel-de-Ville, le palais du Parlement, le palais des beaux-arts et des sciences naturelles, et firent deux excursions, l'une au Sömmering et l'autre à la célèbre abbaye de Mölk.

Ils se trouvèrent également réunis, le 9 avril au soir, dans un grand banquet, qui leur fut offert par la Société ornithologique de Vienne, et dans lequel de nombreux toasts furent portés par les savants et les autorités de la ville de Vienne et par les représentants des différents pays. Dans cette occasion comme pendant toutes les séances du Congrès, la plus grande cordialité n'a cessé de régner entre les naturalistes venus de tous les points de l'Europe, et pour ma part j'ai emporté le plus gracieux souvenir des relations que j'ai entretenues avec mes collègues, les délégués des autres pays, avec les représentants du Ministère de l'agriculture d'Autriche-Hongrie et avec les membres de l'Union ornithologique de Vienne, dont le président, M. de Bellegarde, s'est montré à mon égard animé de la plus grande bienveillance.

En terminant ce rapport sur la mission que vous m'avez fait l'honneur de me confier, je vous demanderai, Monsieur le Ministre, la permission d'appeler votre attention sur les points suivants :

1° La guerre incessante qui est faite aux oiseaux et notamment aux oiseaux insectivores, merles, becs-fins, gobe-mouches, hirondelles, etc. compromet sérieusement les intérêts de l'agriculture en permettant le développement d'une foule d'insectes nuisibles. Il résulte des enquêtes faites par les soins de plusieurs sociétés d'agriculture ou de la Société d'acclimatation que l'existence de certaines espèces, d'une utilité incontestable, est sérieusement menacée; que certains passereaux, jadis très communs sur toute l'étendue de notre territoire, ont déjà disparu de plusieurs départements. Il est donc urgent de porter remède à une situation dont les dangers ont été déjà signalés, Monsieur le Ministre, dans divers documents que vous avez entre les mains, et notamment dans le rapport de M. de la Sicotière au Sénat, dans les mémoires de M. Froidefond et de M. Millet et dans les ouvrages de M. Lescuyer.

Pour mettre un terme à ces hécatombes d'oiseaux qui ne peuvent être justifiées, quoiqu'on ait dit, par aucune raison économique, et qui n'apportent à l'alimentation qu'un appoint insignifiant, plusieurs moyens pourraient être employés.

Le plus efficace serait précisément celui qui est indiqué dans une des résolutions adoptées *à une énorme majorité* par le Congrès ornithologique de Vienne. Il consisterait dans l'interdiction durant toute l'année de toute *capture en masse* des oiseaux à quelque espèce qu'ils appartinssent. En spécifiant que par *capture en masse* on désigne la prise de grandes quantités d'oiseaux, au moyen de filets, pantières, traîneaux, aires, collets, lacets ou gluaux, on empêcherait les tenderies et les autres procédés de chasse clandestine, chers aux braconniers, qui anéantissent en quelques heures des centaines et des milliers de passereaux.

En même temps, on établirait formellement, *par des dispositions législatives précises et rigoureuses*, que le seul mode de chasse qui soit permis au printemps est la chasse au moyen d'armes à feu; qu'au moins durant toute la première moitié de l'année, du 1er janvier au 1er juillet, la capture d'oiseaux par quelque autre procédé que ce soit est interdite; que le commerce d'oiseaux tués par des moyens prohibés et le commerce des œufs d'oiseaux sauvages sont également interdits, enfin que des dérogations à ces dispositions ne pourront avoir lieu qu'en vertu d'une décision de l'autorité supérieure, motivée par des circonstances exceptionnelles, et appuyée sur l'avis d'une commission compétente.

En outre, chaque année il serait publié une liste des seuls oiseaux qui devraient être considérés comme gibier à plumes et dont la capture serait autorisée, *pendant le temps de la chasse*.

En d'autres termes, les droits concédés aux préfets par la loi de 1844 seraient un peu plus restreints et ne comprendraient plus *la détermination des modes et procédés de chasse*, ni *l'établissement de la nomenclature des oiseaux susceptibles d'être chassés*, mais seulement la fixation des époques d'ouverture et de clôture de la chasse dans divers départements. Je crois en effet avoir démontré qu'en vertu des prérogatives qui leur sont accordées par l'ancienne loi, et même par des projets récents, les préfets autorisent trop facilement l'usage des filets, gluaux, etc. pour la capture des *oiseaux de passage* et fournissent ainsi aux braconniers et aux oiseleurs des facilités pour capturer en même temps des *oiseaux sédentaires et éminemment utiles*. En outre, la chasse pratiquée au printemps sur une trop vaste échelle favorise la destruction des nids et des jeunes couvées.

Un autre moyen d'assurer la conservation des oiseaux utiles consisterait dans l'établissement sur les arbres, sur les arbustes, dans les haies et les murs de clôture des jardins publics et des domaines de l'État, de nids artificiels et d'abris pour la saison d'hiver.

Enfin on obtiendrait encore de bons résultats en accordant une place plus importante aux questions ornithologiques dans l'enseignement des écoles d'agriculture; en répandant parmi les habitants des villes et des campagnes des notions plus exactes sur les animaux utiles et nuisibles, soit au moyen de publications populaires, soit par des conférences publiques; en favorisant la création de collections locales et en récompensant les maîtres qui auraient enseigné à leurs élèves à respecter les espèces auxiliaires.

2° La diminution des oiseaux appartenant à la catégorie de gibier à plumes n'est pas moins sensible ni moins rapide dans notre pays que la diminution des oiseaux utiles. Les mesures proposées ci-dessus, et notamment celles qui sont relatives à l'emploi *exclusif* des armes à feu dans la chasse au printemps, à l'interdiction du commerce des œufs des oiseaux sauvages, à la prohibition des captures en masse, apporteraient au braconnage de sérieuses entraves et seconderaient les efforts de la *Société centrale des chasseurs*. Ces mesures d'ailleurs ne léseraient en rien les intérêts des véritables chasseurs, qui ne recourent jamais aux procédés usités par les braconniers, et qui lors du passage de la bécasse se servent exclusivement d'armes à feu. En joignant à ces dispositions quelques-unes des réformes législatives contenues dans les projets de M. de la Sicotière et de M. Jules Leclerc (*Chasseurs* et *braconniers*, Paris, 1883), on donnerait satisfaction aux vœux presque unanimes des chasseurs français.

3° Sous le prétexte de chasse aux oiseaux de mer, il se fait sur nos côtes, en toutes saisons, mais surtout en automne et au printemps, époque des passages des oiseaux migrateurs, une grande destruction de petits échassiers des rivages, de canards et de sarcelles, ce qui diminue d'année en année la quantité de gibier à plumes visitant l'intérieur du pays. Ne pensez-vous pas, Monsieur le Ministre, que l'attention de l'autorité maritime devrait être appelée sur ce point ? En soumettant la chasse sur les plages maritimes et les bancs du large aux mêmes règles que la chasse sur d'autres points du territoire, et en accordant exclusivement *aux marins seulement* la dispense d'un permis de chasse, on sauverait d'une disparition totale les oiseaux de mer, qu'on a justement nommés les *balayeurs des grèves*, et l'on garantirait contre les périls qui les menacent plusieurs espèces qui au printemps traversent notre pays pour aller se reproduire dans les contrées du Nord.

4° L'origine de nos animaux domestiques et celle de la poule en particulier étant encore environnée d'un certain mystère, il y aurait intérêt à recueillir dans les musées des grandes villes et dans les collections des écoles d'agriculture des spécimens de toutes les races indigènes et exotiques, permettant d'apprécier les variations dont chaque espèce est susceptible. Il y aurait lieu, pour la récolte de ces spécimens, de donner quelques instructions aux voyageurs chargés de missions à l'étranger, et de les prier de réunir des documents historiques et paléontologiques sur les oiseaux domestiques et spécialement sur ceux de l'ordre des gallinacés.

5° Le Congrès de Vienne ayant institué un comité ornithologique international chargé de recueillir et de publier tous les documents relatifs aux mœurs et particulièrement aux migrations des oiseaux et de se mettre, dans ce but, en rapport avec des comités nationaux, un comité ornithologique, sur le modèle des comités anglais, allemand et autrichien, sera probablement établi auprès du Ministère de l'instruction publique et s'occupera surtout de nos espèces indigènes. Ce comité, grâce aux renseignements qu'il recevra de ses correspondants en province, sera à même de dresser le tableau de notre faune, de constater la situation des différentes espèces, de signaler celles qui sont menacées de destruction, de distinguer les oiseaux utiles des oiseaux habituellement ou accidentellement nuisibles. Dans ces conditions, Monsieur le Ministre, vous jugerez peut-être utile d'accorder à cette institution votre bienveillant appui, en vous faisant représenter dans le sein du comité par un fonctionnaire de votre département, et en lui assurant le concours éventuel du personnel placé sous vos ordres.

1er novembre 1884.

E. OUSTALET,

Docteur ès sciences, aide-naturaliste au Muséum,
Délégué du Ministère de l'agriculture.

Imprimerie Nationale. — 1885.

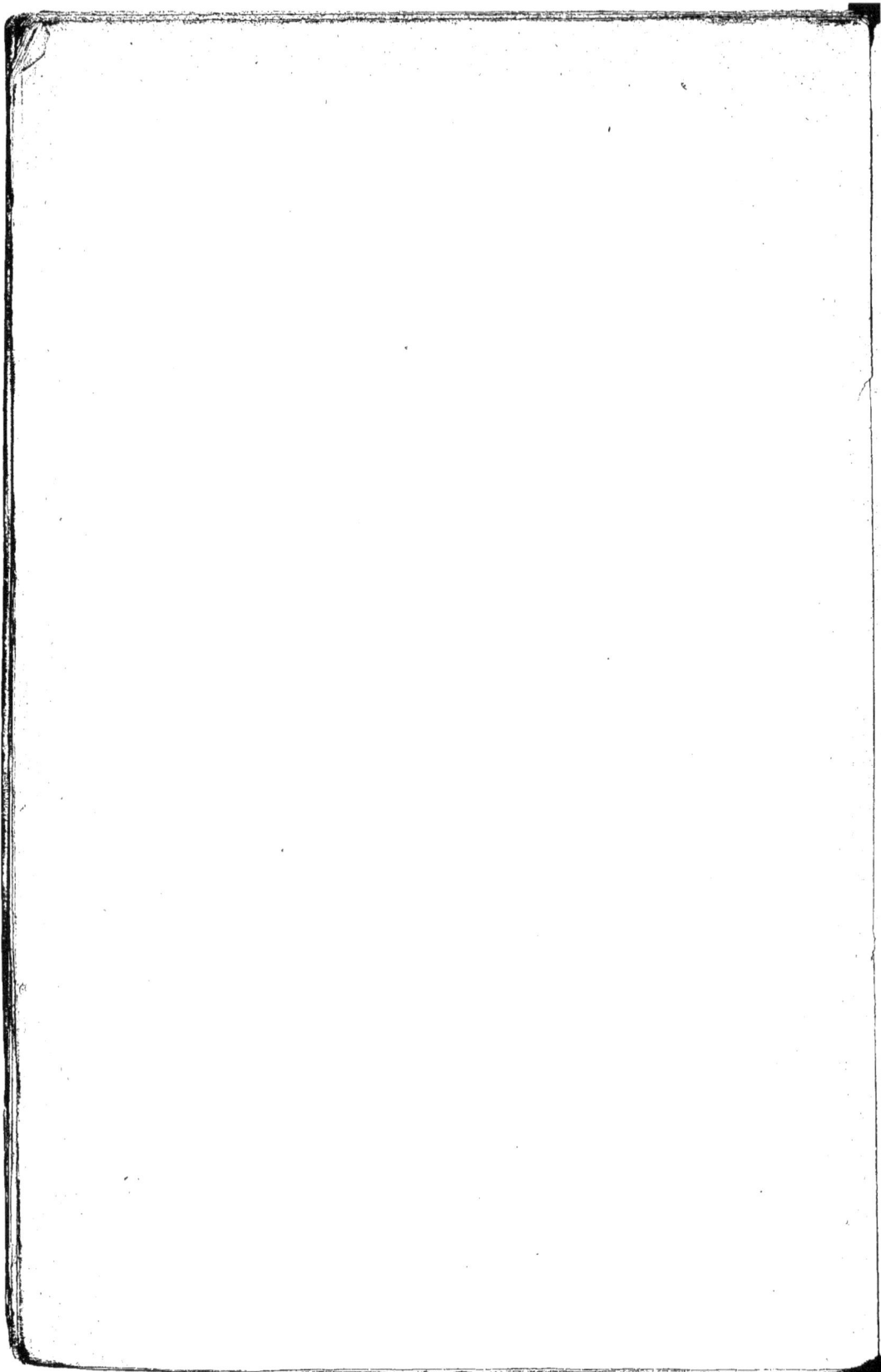

www.ingramcontent.com/pod-product-compliance
Lightning Source LLC
Chambersburg PA
CBHW030932220326
41521CB00039B/2143